脑科学与正念
助你摆脱焦虑和
上瘾的习惯

Unwinding Anxiety
New Science Shows How to Break the Cycles
of Worry and Fear to Heal Your Mind

给松绑焦虑

[美]
贾德森·A. 布鲁尔
（Judson A. Brewer）
著

于海成 张淑芬 周玥
译

机械工业出版社
CHINA MACHINE PRESS

Judson A. Brewer. Unwinding Anxiety: New Science Shows How to Break the Cycles of Worry and Fear to Heal Your Mind.

Copyright © 2021 by Judson A. Brewer.

Simplified Chinese Translation Copyright © 2025 by China Machine Press.

This edition published by arrangement with Avery, an imprint of Penguin Publishing Group, a division of Penguin Random House LLC. This edition is authorized for sale in the Chinese mainland (excluding Hong Kong SAR, Macao SAR and Taiwan).

No part of this book may be reproduced or transmitted in any form or by any means, electronic or mechanical, including photocopying, recording or any information storage and retrieval system, without permission, in writing, from the publisher.

All rights reserved.

本书中文简体字版由 Avery 授权机械工业出版社仅在中国大陆地区（不包括香港、澳门特别行政区及台湾地区）独家出版发行。未经出版者书面许可，不得以任何方式抄袭、复制或节录本书中的任何部分。

北京市版权局著作权合同登记　图字：01-2023-1816 号。

图书在版编目（CIP）数据

给焦虑松绑：脑科学与正念助你摆脱焦虑和上瘾的习惯 /（美）贾德森·A. 布鲁尔（Judson A. Brewer）著；于海成，张淑芬，周玥译 . -- 北京：机械工业出版社，2024.7. -- ISBN 978-7-111-76084-9

Ⅰ. B842.6-49; B846-49

中国国家版本馆 CIP 数据核字第 2024NQ1886 号

机械工业出版社（北京市百万庄大街 22 号　邮政编码 100037）

| 策划编辑：曹延延 | 责任编辑：曹延延 |
| 责任校对：任婷婷　张雨霏　景　飞 | 责任印制：张　博 |

北京铭成印刷有限公司印刷

2025 年 5 月第 1 版第 1 次印刷

147mm×210mm·10.5 印张·1 插页·234 千字

标准书号：ISBN 978-7-111-76084-9

定价：69.00 元

电话服务　　　　　　　　　　　网络服务

客服电话：010-88361066　　　机　工　官　网：www.cmpbook.com
　　　　　010-88379833　　　机　工　官　博：weibo.com/cmp1952
　　　　　010-68326294　　　金　　书　　网：www.golden-book.com

封底无防伪标均为盗版　　　　　机工教育服务网：www.cmpedu.com

作者简介

学术卓越与实践成就的杰出典范

- 布鲁尔博士曾先后在普林斯顿大学获得化学学士学位，在圣路易斯华盛顿大学取得免疫学博士学位及医学博士学位。随后，他在耶鲁大学医学院的博士后神经科学研究培训项目组深造，并担任康涅狄格州心理健康中心临床神经科学研究部门的首席住院医师，期间还荣获了耶鲁大学药物滥用研究培训奖学金。在耶鲁大学医学院，他完成了精神病学实习，并获得了美国精神病学和神经学委员会的精神病学认证。
- 布鲁尔博士的职业生涯丰富多彩，他曾

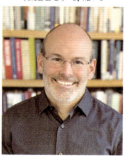

享誉世界的心理学家
正念行为改变技术
（MBBC）创始人

贾德森·A. 布鲁尔
（Judson A. Brewer）
Author photo copyright ©
by Mahri Leonard-Fleckman

担任马萨诸塞大学医学院正念中心研究主任,以及布朗大学公共卫生学院和医学院教授,同时还是麻省理工学院研究员。
- 他不仅在学术界取得了卓越成就,还积极将研究成果应用于实践,训练了多位美国知名奥林匹克运动员、教练和企业高管。

运用正念疗法改变行为习惯的先锋领袖
- 在正念疗法领域,布鲁尔博士更是独树一帜。他利用磁共振成像和脑电图神经反馈技术,深入研究了正念在大脑中的作用机制,并创立了 MindSciences 公司,将正念与神经反馈技术相结合,开发出一套针对焦虑、暴饮暴食及烟瘾等问题的创新习惯改变正念计划。这一成果在学术界引起了广泛热议与关注,并荣获了 2019 年和 2020 年的"行为健康管理健康价值奖"。
- 此外,布鲁尔博士还发表了一项关于解除焦虑的随机对照试验,结果显示广泛性焦虑障碍患者的焦虑减少了 67%。2023 年,他更是创立了 Mindshift Recovery 机构——一个致力于帮助成瘾者的非营利组织。他的研究成果在实践应用中取得了显著成效,消费者在使用其研发的应用程序两个月后,与渴望相关的饮食减少了 40%。
- 布鲁尔博士因在《60 分钟》、TED(2016 年第四大热门话题,浏览量超过 1 600 万次)、《时代周刊》(2013 年 100 大健康新发现之一)、《福布斯》杂志、英国广播公司、美国国家公共广播电台、《商业周刊》等媒体接受采访、进行演讲或发表文章而被大众所知。此外,他还获得了美国国立卫生研究院、美国心脏协会等机构的基金资助。

致力于科普神经科学与正念领域前沿知识的畅销书作者
- 作为一位致力于科普神经科学与正念领域前沿知识的畅销书作者,布鲁尔博士的著作《给焦虑松绑》成为《纽约时报》和《华尔街日报》的畅销书,而《欲望的博弈》一书更是被翻译成 16 种语言,在全球范围内广受欢迎。

译者简介

于海成(高地清风)

英国牛津 MBCT 正念教师
深耕 16 年的拖延干预专家
针对急性拖延发明"沉浸工作法"
针对慢性拖延开发"正念行动力®"

从 2008 年起,管理数十万人的拖延主题社区,推动相关的科普传播和网络互助,被誉为"中国战拖第一人"。

译有多本正念和拖延类图书。结合正念实践番茄工作法,完成番茄数 9 000+。

针对顽固难解的慢性拖延,研发了正念行动力®系统。主张:改变与拖延的关系,培育"积极主动 + 自在"的行动品质,获得有效、低复发的改善。本书是研发过程中的重要参考读物。

更多相关技术和知识,可参考本书附赠手册《给拖延松绑》,及公众号和小红书"高地清风"。

微信公众号:高地清风

小红书号:gaodiqingfeng

周玥

国家二级心理咨询师，美国帕洛阿尔托大学心理咨询硕士，清华大学文学硕士

个人执业的心理咨询师，擅长以正念为本的整合式心理干预。

加拿大正念研究中心正念认知疗法认证导师，英国正念网络在训督导师，经验丰富的正念减压（MBSR）课程老师。

中国生命关怀协会静观专业委员会常务委员。

心理学、正念书籍和课程译者，国内各正念师资课程常驻口译，译著有《一心只做一事》《正念亲子游戏》《全脑教养法》《拖延心理学2》等。

张淑芬

正念修习者

兼职心理咨询师

英国牛津大学正念认知疗法在训教师

赞　誉

应对坏习惯的最大难点在于面对其背后的焦虑。贾德森·A. 布鲁尔为我们带来了一个突破性的方案,并且包含极佳的技巧和诀窍,每个人都能用它们来改善情绪。我们所有人都需要这本书!

——B. J. 福格(B. J. Fogg)博士,《纽约时报》畅销书《福格行为模型》(Tiny Habits)一书的作者

《给焦虑松绑》是一部指导手册,能一步步让你走上由贾德森·A. 布鲁尔设计、经临床验证的路径,帮助你不再让你的头脑与焦虑、强迫性思维、成瘾等问题纠缠。它引导你的大脑重塑神经通路,激发你的头脑更深刻地理解自身的内在机制,帮助你活得更自由、更感恩、拥有更多人际联结、更喜悦。

——丹尼尔·J. 西格尔(Daniel J. Siegel),医学博士,《纽约时报》畅销书《觉察》(Aware)一书的作者

如果你总是焦虑的话，就无法繁荣生长。道理就是这么简单。贾德森·A. 布鲁尔为我们提供了一个方案，帮助我们克服焦虑的想法、感受和习惯，实现真正的安康。这个方案绝对是颠覆性的。

——阿里安娜·赫芬顿（Arianna Huffington），《纽约时报》畅销书《从容的力量》（*Thrive*）一书的作者

《给焦虑松绑》基于最前沿的科学和最友好的用户体验，揭示了一套强大的正念工具，将我们从水深火热的担忧中解救出来。这是我读过的关于焦虑的最有帮助、信息最丰富的书！

——塔拉·布莱克（Tara Brach）博士，《全然接受》（*Radical Acceptance*）一书的作者

"一份极其深入人心的缓解焦虑实用指南。贾德森·A. 布鲁尔的研究很好地诠释了焦虑为何如此难以撼动。这本书为我们提供了破局的工具。焦虑根植于许许多多我们想要改变的习惯之中。这本书不仅能帮助你应对焦虑，而且能助你根除顽固的行为，自由前行。

——凯利·麦格尼格尔（Kelly McGonigal）博士，《自控力》（*The Joy of Movement*）一书的作者

布鲁尔将实验室的科学和门诊的故事编织在一起，专业地阐述了焦虑是如何发展、形成习惯回路的，以及我们对抗焦虑的策略为何会不断失效。《给焦虑松绑》提供了一些在生活中切实可行的应用步骤，来帮助你停止这个循环。这本书读起来扣人心弦、饱含慈悲，处处皆是如及时雨一般的洞见。

——朱厄尔（Jewel），美国格莱美提名歌手

关于焦虑，或许你只读这本书就够了。布鲁尔博士利用他的实验室最新的神经科学实验和经过临床验证的技术，巧妙地揭示了焦虑习惯回路难以打破的原因。他清晰地展示了担忧成瘾的方式和原因，来引导你切换挡位，进而打破那些让焦虑持续的旧习惯，松开你生活中的束缚。本书处处都有新的洞见，是当之无愧的结合循证心理科学之作。

——马克·威廉姆斯（Mark Williams），牛津大学临床心理学名誉教授，《正念禅修》（*Mindfulness*）一书的合著者

在本书中，神经科学家贾德森·A. 布鲁尔带来了一个显著突破：基于脑科学知识减少由焦虑驱动的习惯。毕竟，焦虑是我们生活中最常见的情绪感冒。

——丹尼尔·戈尔曼（Daniel Goleman），《情商》（*Emotional Intelligence*）一书的作者

贾德森·A. 布鲁尔写了一本直指人心、发人深省的克服焦虑手册。《给焦虑松绑》以研究和经验为支撑，带领我们探索焦虑如何在我们的大脑中滋长，并提供了一把破解焦虑惯性思维模式的钥匙。除了大量的研究和科学知识之外，这本书还提供了实用的操作步骤，让我们能真正掌控焦虑！

——莎朗·莎兹伯格（Sharon Salzberg），《慈爱》（*Loving Kindness*）一书的作者

译者序一

本书作者贾德森·A.布鲁尔是典型的"别人家的孩子",不仅拥有顶级学府的求学和就职经历、两个含金量极高的博士学位,而且还能科研临床两手抓……就连早年罹患惊恐障碍,长期修习冥想的经历,也帮助他活跃在古老智慧与最新科研相遇的最前沿。

你可能想象不到,这样一位明星科学家会如此在乎读者的阅读体验。在贾德森的上一本书《欲望的博弈》出版之后,他竟然"蹲守"亚马逊网站,仔细阅读读者评价并亲自回复,甚至从一位批评者的书评里获取了创作新书的灵感,并最终把完成的新书献给这位叫作"亚马逊成瘾者"的网友。在看到这本新书后,我也毫不意外地发现,之前与贾德森仅有的两次面对面交流里,我的提议(将他的习惯改变模型应用于拖延)和困惑("行为"如何界定?即澄清行为包括心理行为与外在行为)都在本书中有了明确的体现。

贾德森不是刻板成见中的"实验室怪才",除了有科学家和精神科医生的头衔,他还是很受欢迎的行为干预手机应用和社群的创始人和点击传播率极高的TED演讲者。他十分擅长表达,在严谨地科普专业知识的基础之上,各种网络"梗"信手拈来——你在本书中会发现这一点。

贾德森本人也是这样的风格。我跟他在2019年的一个会议上相识并有机会交谈,他思维缜密轻快,态度和蔼,在跟他讨论的大约一小时里,我的"CPU"也被调到了一个飞速转动(却并不劳累)的节奏,灵感的火花噌噌地往外冒,这让我产生了一种错觉:也许我也是一个(被心理咨询耽误的)天才科学家!

贾德森本人在我的错觉上加了一把火,在分别时,他情商很高地说:"我非常享受我们的讨论——两个极客(geek)之间的对话。"

这种错觉在会议结束后的几周内消失了(谢天谢地!),我回到了我真正擅长的事情上——消化理论和方法,把它们编织到个体心理疗愈的具体过程之中。接下来几年里,贾德森的方法始终在我的生活和工作中丝丝缕缕地存在着,而2023年接手其新书的翻译审校工作,自然得仿佛一场对话的延续。

由于对书中的理论和方法比较熟悉,为了帮助你"吃透"书中的原理,接下来,我会结合自己的切身体验,主要使用自己的语言,集中介绍几个本书向我们揭示的精妙观点。

这些观点,是关于行为改变的非常重要的"道"与"术"——也许此时你会疑惑地翻回书的封面,书名是关于焦虑的,没错啊?!嗯,这就是本书的与众不同之处!与市面上常见的情绪调节手册不同，本书会带你深入观察你的内在（心理）行为和外在行为，破解焦虑的行为密码，给焦虑"松绑"。

（1）焦虑是一种行为习惯或瘾。

与很多人的认知不同，焦虑其实不是一种单一的情绪，它是人类面对变化或不确定时，产生的一组症状的集合体，其中包含与情绪、身体感觉难解难分的一系列行为，既包含心理行为（担忧、"想明白"、心理演练等），也包含用来解决（实质上是回避）焦虑相关感受的外在行为（做计划、"停不下来"、囤积、情绪化进食、饮酒、拖延等）。

习惯，就是在特定条件（触发物）下出现的心身的自动化反应（行为）。当贾德森说"焦虑是一种习惯"或"焦虑是一种瘾"的时候，他其实在笼统地表述一组由相似的具体行为习惯组成的重复的、自动化的模式，触发这一组重复、自动化行为的"触发物"就是无处不在的"不确定性"。

我们如果能在自己身上精确、具体地捕捉到焦虑的触发物和行为，意义十分重大——这相当于抓住了焦虑这个词所涵盖的、纠缠在一起的一系列心理和外在行为中的任意一环，就像一大堆缠在一起的线团，当轻轻捉住其中一个线头，把它从一个结里解放出来时，剩下的便可以如法炮制。

关于如何捉住一个"线头"，本书把它叫作"一挡"练习——定位具体行为，图示习惯回路。（你焦虑吗？来画个图吧！请参考本书第4章、第5章）

一个习惯回路包括三个元素：触发物、行为、奖赏。在上面的介绍中，我还没有提到焦虑习惯回路的"奖赏"是什么，但它同样非常重要，我将把它放到下一个观点中加以介绍。

（2）和其他不良习惯一样，焦虑的习惯无法通过意志力和思考（"想明白"）来纠正，这是由习惯的形成和改变机制所决定的：与习惯回路三角中的最后一角——奖赏——有关。

奖赏是习惯回路中最难被看清、最具迷惑性的一环，正是它让线绕成了"结"。理解奖赏，才算真正理解了焦虑为什么会成为习惯，以及如何破解这一习惯。

"奖赏"是一个心理学术语，它和我们平时说的奖赏有微妙的区别，你可以直接把它理解为"结果"，也就是伴随一个行为（包括心理与外在行为）产生的心理与身体的全部体验。随之而来的另一个关键概念是"奖赏值"，它是储藏在大脑眶额叶皮质中的我们对每时每刻的每一种体验（行为的结果，即奖赏）的真实感知，奖赏值越高的行为，大脑越会促使它重复出现（以获得高奖赏值的体验）。这是由人类确保生存而进化的原始神经网络决定的，超出意志力和理性神经网络掌控的范围——这就是为什么贾德森写道："如果你无比渴望打破一种习惯，要求、强迫或祈盼是无法让它停下来的，因为这些做法多半对这种习惯的奖赏值没有任何影响。"

比较麻烦的地方在于，奖赏值并不是自动、实时、准确更新的。当行为的结果出现时，我们需要"注意"，并且调动感官去感受，才能让大脑充分接收这个结果的信息，形成新的准确的奖赏值。如果你被卡在某个不良习惯里，这多半说明你的眶额叶皮质很久没有更新过这种习惯行为的奖赏值了，它"以为"这种行为仍然像它初次出现时那么诱人呢。

比如，很多人都有在压力大时吃甜食的习惯。最早，也许只是幼年的你弄坏了玩具，小嘴一瘪，眼泪还没落下，糖果就被送到嘴边，甜甜的滋味瞬间抚平了委屈——这是"吃甜食缓解负面情绪"这个习惯回路在眶额叶皮质最初的印迹。然而，生活之路布满了波折和不确定性，巧克力和奶茶只能短暂地回避痛苦，焦虑不仅会去而复返，还会不断累积，更别提大量进食之后的油腻饱腹感、肥胖和其他健康后果……它们甚至会制造新的焦虑！

如果你已经被这种习惯困扰已久，你很有可能回答："我知道啊！我知道情绪化进食的坏处，简直深恶痛绝！我只是控制不了自己！"

是的，你可以列举出无数条症状，你可以进行透彻的自我剖析，你可以制定出科学详尽的自我改造计划，你懂得用深刻、有感染力的语言描述你的痛苦，你可以大肆宣泄沮丧、怨恨与羞愧……

可是，你的眶额叶皮质也"知道"吗？不好意思，如果你的眶额叶皮质无法接收到某种行为（无论是心理行为还是外在行为）带来的实际体验，它就只会重复依照老旧的奖赏排序来指挥你行动。在焦虑时，自我批评、分析原因、责怪他人、制订计划、忙个不停、借酒浇愁……都是对体验本身的回避。简单粗暴地说，如果你没有好好体会焦虑，你就会继续焦虑。

那么，怎么做呢？

（3）"觉察"可以"刷新"位于眶额叶皮质的奖赏值系统，让大脑和身体体会并记住行为的真实结果，从而减少奖赏值低的旧行为，并且有机会重新选择更有益的行为。

贾德森用了一个"重口味"的比喻，相信可以加深你对这个事实的印象——"……只要你想改变它（习惯回路），就必须揪住大脑那个叫作'眶额叶皮质'的小鼻子,在大脑自己拉的便便里蹭一蹭,这样它才能清清楚楚地闻到某些行为实际上有多臭。这就是大脑学习的方式。只要奖赏值没变,行为也不会改变。"

那么,怎样才能"揪住大脑那个叫作'眶额叶皮质'的小鼻子"呢?

贾德森继续写道:"只有在你带入觉察,面对并且看清实际的奖赏值时,奖赏值才会改变。"

下面分享一个我自己的例子。

近两年,随着年龄增长,我的饭量变小了。这表现在:在饭量、活动量不变的前提下,我一贯稳定的体重开始增长;在每一次正餐之后,我都体会到比以前强烈得多的饱腹感。尽管我的理性清晰地意识到了这一事实,并且不断提醒自己应该减少用餐量,然而,显然我的眶额叶皮质里仍然有效的是多年前登记的用餐量奖赏值,令我叫苦不迭的饱腹感总比我吃饭的速度慢上一步,在我反应过来之前,就已经吃得过多了。

在每天晚餐过后,被噎得喘不过气,焦虑涌上来时,如果你处于类似情境,你会做些什么呢?

长吁短叹、自怨自艾

骂自己、迁怒他人

反复告诫自己关于体重、健康、自律的道理和不自律的后果

狂走两万步

反复制订饮食健身计划或研究相关知识

感到后悔、恐慌,赶快吃点儿零食、刷刷手机、玩玩游戏、买买买来压压惊

……

以上行为我大部分也尝试过,当然正如贾德森预测的那样缺

乏长期效用,其中一些甚至会让情况变得更糟。在深刻地反思习惯形成和改变的原理之后,我把重心放在一件事情上:每天晚餐之后,安静地花时间体会"吃得太饱"到底是一种怎样的感受,细细地品味,确认"难受",把这种感觉(持续数小时的腹部鼓胀、呼吸不畅、头脑昏沉、身体沉重……)如实地刻进心身,而不用以上任何一种方式转移注意力。(如果你已经看了本书,就会认出这是"二挡"练习,也叫"祛魅"练习)

在并不太久(少于 10 天)之后,变化开始显现。在进餐过程之中,甚至在选择和盛装食物的时候,当想要吃更多的渴求出现时,难受的饱腹记忆也在我的脑海中浮现,身体上也同步发出"难受预警"——这是一种明确的、我在当下体会到的感受,而不仅仅是头脑中一则虚弱无力的"提醒"。这一刻,"再来一碗"的冲动消退了。

(作为深知人性有多么复杂顽固的心理工作者,我一直避免把任何方法"神奇化",或者把任何一种困难"简单化"。我必须强调,这个过程还涉及其他因素,在此只是略过,不代表它们不存在。)

让我们更进一步。"祛魅"包括两个层次:一是,原来(眶额叶皮质)以为很好的东西,其实并没有那么好(奖赏值下调),如当眶额叶皮质真正知道担忧并不会缓解焦虑,大脑就会开始学习放下担忧;二是,我们一直回避的东西真的有那么差吗?

前文中已经指出,焦虑包含的习惯性行为(如担忧)之所以会成为习惯,是因为它能够让人短暂回避变化或不确定性带来的不愉悦体验从而在奖赏值序列上排在前列,导致它一再被重复和强化。趋利避害是人的本能,我们不自觉地想要推开负面的体验,这并不是什么错误,但这确实导致人们缺乏安全地体会变化和不确定性本身的经验,从而倾向于高估恐惧、孤独、悲伤等情绪的可怕程度。强烈的负面情绪,是否一定会带来毁灭性的后果的关键变量是,其中是否有觉察的存在——更具体地说,觉察中是否有着友善、好奇、不加评判等品质。

作为一个心理咨询师,我曾经多次陪伴来访者经历诸如创伤激活时的情绪冲击体验,在(经过培养的、咨询师与之共享的)稳定觉察支撑下,他们总能安全渡过情绪不适的顶峰,并且发现实际过程并不像他们以为的那样可怕。这也是一种"祛魅",一种真正的"釜底抽薪":如果我们能够直接体验生活中的变化或不确定(带来的不愉悦体验),并允许它们自然消退,就不需要用焦虑性担忧(和其他焦虑性的心理行为和外在行为)来回避这些体验,焦虑也就不存在了。

(4)觉察本身就是一种高奖赏值的行为,足以替代焦虑。

前文不断提到的觉察,就是"正念觉察"。如果说习惯的形成和维持机制就像是进化给我们埋的"雷",那正念则仿佛是"进化的礼物"。本书采用了乔·卡巴金老师著名的正念定义:"有意识地、不加评判地把注意力放在当下而产生的觉察。"这是一种在我们成长的过程中缺乏训练,实际上每个人都可以培养和调用,与我们的心身健康息息相关的能力。

虽然正念在本书第8章才正式出场,实际上它的精神渗透全书。

在"一挡",我们需要用到它,来帮助我们识别和图示具体的焦虑习惯回路。

在"二挡",我们需要它来帮助我们直面与焦虑相关的情绪和行为伴随的不舒服感受,从而完成"祛魅",获取原有习惯行为的最新最准确的奖赏值——以调低它的奖赏值排序,从而减少该行为的出现频率。

在"三挡",它直接"上位"成为替代焦虑习惯的一种新习惯——因为它本身也是一种行为,同时它内置的态度和感受奖赏值更高(一种"上上之选")。这一点,本书并未言明,而是巧妙地聚焦于更容易理解和操作的"好奇心"。其实,好奇心本来就是正念觉察内置的基本态度之一,开放的好奇心必然伴随着一定程度的觉察而存在。实际上,与其说本书包含了对正念的介绍,不如说全书都是正念的一种自我表达——一种精妙、高效、有益的表达。

正念进,焦虑退。

感谢我的两位好伙伴,也是本书的另外两位译者海成和淑芬。前者的文字中跳动着与贾德森如出一辙的敏捷、幽默、创意,后者则文如其人、蕙心兰质。我的工作则是确保这些美好的特质无缝地编织在一起,自然流畅地贯穿全书。这一次合作,也是我们友谊的见证。

感谢机械工业出版社的邹慧颖老师。作为译者,我们总是拥有她的稳定和耐心,十分有安全感。本书传神的译名也出自于她。

感谢本书的编辑老师,每次阅读编辑意见,都像是上了一堂高质量的语文课。

感谢我的来访者与正念课程的学员们,与你们一起工作的经验为我翻译本书的过程(和我的一切)提供了宝贵的资源。

感谢我亲爱的家人,你们就像我的阳光、空气和水。特别要向我的孩子致敬,感谢你允许我"窥探"你的奇妙大脑,让我有机会映照自己的局限与潜能,而这一切是那么有趣!

我花了很长时间写这篇译者序，以尽可能准确精炼地传达我对本书的理解。如果它有幸被本书的读者细读，希望它能够帮助你消化本书传递的智慧，帮助你为自己的生活"松绑"！

周　玥

2024 年 2 月

译者序二

奇书、宝藏作者和蝴蝶效应

于海成（高地清风）
英国牛津 MBCT 正念教师
深耕 16 年的拖延干预专家
针对急性拖延发明"沉浸工作法"
针对慢性拖延开发"正念行动力®"

经过几年的工作，在出版社的支持、鼓励和包容下，《给焦虑松绑》终于要出版了。

这份译者序分成两部分，分别由周玥老师和我来执笔。如果你想快速了解这本书的内容，周老师的部分已经做了非常棒的介绍。因此我决定写一写不一样的内容：跟本书有关的故事、八卦，由这本书催化的一场秘密研发，还有研发的成果——一份"给拖延松绑"的计划。

不是每个人都需要读这一篇。但我能保证的是,你会从这里知道一些从别处无法知道的事情。

考虑到拖延也是焦虑的衍生问题之一,而且很常见,那么这些信息更是可能带给你一些意外的收获。

我们就从故事开始吧。

一切都是"瘾"

2019年12月,在北京朝阳公园西侧的工作室里,我跟周玥老师交流进展。那时我刚设计出一个面向拖延人群的工作坊,也就是"正念行动力"课程的第一个版本。马上就要启动了,心中踌躇满志。

周老师看过我的提纲,确认了几处之后,直言不讳地提出意见:设计得有些"重",涵盖得较全面,但容易掩盖重点,也容易导致拖延程度深的成员掉队。

然后周老师告诉我,她刚参加了贾德森·A.布鲁尔博士的工作坊并且感觉大有收获。布鲁尔博士用正念帮人纠正"坏习惯",直取本质,简单有效。在她看来,这套技术代表了"正念在应用中的前沿"。在用正念来应对拖延的过程中,这种简单的模型也许更加高效,操作起来更便捷。

就这样,在一半挫败、一半兴奋的心情中,我第一次记住了本书作者的名字。

搜索一番之后,我发现了两件事:

一是原来我早就看过布鲁尔博士的演讲。很早之前,他的TED演讲《打破坏习惯的简单方法》(*A Simple Way to Break a Bad Habit*),就已经高居年度播放量的前几名。其中提到了他的工作重点之一的"正念戒烟"的效果比当时的金标准疗法还要好很多。

二是他写的第一本大众读物,刚刚由机械工业出版社推出简体中文版——《欲望的博弈:如何用正念摆脱上瘾》。

还犹豫什么呢?买!

那本书从作者大获成功的"正念戒烟"项目引入,扩展到各种广义的成瘾过程:从科技产品、分心到爱情,甚至到思考和自我,原来无数体验都可以从成瘾的视角来看待,而且是行为成瘾的视角。这些体验中带来烦恼的部分,理论上,也都可以用"正念戒烟"的相同原理来应对。

虽然《欲望的博弈》一书并非实操手册,但它还是提供了宝贵且丰富的信息,令我倍感振奋。因此我在想,既然各种无益习惯都能被看作"成瘾",那拖延也可以用"正念戒瘾"的思路来化解吧?这在我心里播下了一颗种子。

把焦虑当瘾来治

随着了解的加深,我看到布鲁尔博士的业务线不只一条。为戒烟开发的这套正念技术,也用在了应对焦虑和情绪性进食方面。他甚至还给这三条业务线,分别开发了手机 App,而且效果也相当不错。

此刻你手中这本《给焦虑松绑》就代表了戒烟之外的一条线。2020 年年底,本书英文原版书的书名还叫作《向前》(*Onward*),书中主要介绍了如何用正念技术对多种不良行为进行干预。而本书英文原版书在正式出版时,增加了前几章,并且把重点放在了"焦虑成瘾"的应对上。

没弄错吧?焦虑不是情绪吗,怎么能算是成瘾行为?再说了，谁会喜欢焦虑的感觉啊？

是的，这就是本书的特色：一本**用行为正念来化解情绪难题的奇书**。

焦虑为什么也会"成瘾"？在本书的前几章里，作者对相关机制进行了充分的说明。按我的概括就是，焦虑牵扯到多种多样的行为，这些行为会成瘾，焦虑也会无休无止地重复。

从反复的担忧，到一遍遍刷手机新闻，到拖延、过量饮食或抽烟，在这个变化迅速的时代，触发焦虑的事情遍地皆是，而以上这些常见的应对手段，你一定也不陌生。

它们总是给头脑"画大饼"，让我们误以为它们能缓解焦虑，让心情好一些，但最终往往于事无补，甚至反而加剧了焦虑。而新一轮的焦虑，又带来了新一轮的无效应对（担忧、刷新闻……），如此循环。所以你看，焦虑也"成瘾"了。

遵循书中的技术反复练习能使焦虑所关联的行为成瘾被化解，从而也能有效缓解焦虑本身。

顺便说一句：这套技术有名字吗？

在布鲁尔博士的官网上，我看到在一个师资培养项目的页面里，低调地提到了这套技术的名字——正念行为改变（mindfulness-based behavior change，MBBC）。

但在我看来这个名字实在是用得低调，其他地方很少提到。或许，很多早已受益，在戒烟、饮食和情绪方面大有收获的人都不一定知道它。

宝藏作者的系列书

这本书比《欲望的博弈》更适合入门，实操性大大增强。这可能是因为吸取了那本书的"成功教训"。

为什么我认为是"成功教训"呢?这就需要讲一则八卦了。

《欲望的博弈》一书成功地让众多读者看到了改变顽固习惯和成瘾的希望,但又没有像"傻瓜手册"一样,把步骤拆开揉碎地说清楚,于是在国外的网站上,一位读者愤而打了一个中评,说作者"故意隐瞒信息"。

作为正念教师,我深知正念带来的改变是多么有赖于练习和亲身体验;作为拖延干预领域的助人者,我也深知写书是件多么有挑战性的事情。所以,期待作者在一本书里把技术和盘托出,并且巨细靡遗、知无不言,从而让自己脱胎换骨,其实并不现实。

不过我们也得感谢这位读者,她像苏格拉底"叮咬"雅典人一样,给了作者一记难忘的刺激,于是《给焦虑松绑》就变得详细和有条理得多了。有趣的是,在本书的"致谢"部分,作者还专门提到了这件事。

如果说很多人只读完《欲望的博弈》一书,还意识不到这位作者有多么宝藏,等看完这一本,恐怕就再也不能否认这一点了。

所以新人阅读布鲁尔博士的书,反而是现在这本更适合打头。

要按这样的顺序读下来,还有什么坑要避吗?算是有一个吧,就是先出版的那本《欲望的博弈》,难度偏高,可能把人吓跑。其实那本书的后半部分,精彩到令人激赏,但如果读者的正念练习体验不足,那也很可能会不辨其味,不知所云。你可以在前半部分读完后放一放,经过一段时间的正念练习后,再读起来,感觉就不一样了。练习量会让你看得见,辨得清:"原来后半部分有这么多的真知灼见!"

蝴蝶效应和不停振翅的蜂鸟

迄今为止,布鲁尔博士应该还不知道,远在大洋彼岸,他的书和技术给一个拖延干预系统的研发带来了多么重要的帮助。

先说说背景。我在拖延干预领域已经工作逾十五年。从拖延相关知识在国内的早期科普传播,到后来这方面工作坊的开发和实施;从人格、动机、目标、正念等多个心理学分支的知识,到任务管理、行为组织等多种技能:这一路上,得益于周玥老师等诸位师友的持续指导和帮助,我自认为在这方面的积累也算得上丰厚了。

但另一方面,只有我和身边的少数人知道,这种"丰厚"也是被逼无奈。拖延实在是一类太复杂、太有迷惑性的问题,只靠单一技术、疗法或视角远远不够。所以这些年来,发展出多角度的透视和应对策略,或许也是冥冥中的注定。

唯一的遗憾是,有时难免会"失焦",在众多知识和技能里迷失了方向和重点。

在这种背景下,《给焦虑松绑》和它代表的正念行为改变技术给我的工作带来了无可替代的帮助。就像画龙点睛一般,拖延干预的众多技术,有了一条清晰又有效率的主线。

主线如下:

识别拖延的回路(一挡)→检验拖延的实际奖赏(二挡)→用行动替代拖延(三挡)

这条路线清晰又简明。而且,许多旧方法也可以纳入这个框架。它既可以解释从受困拖延到有效行动的变化机理,也可以帮助我们开发新方法,对效果做出预测。

有意思的是,在拖延领域,有一类问题异常严重而顽固的人,被称为"慢性拖延人群"(很不幸地,我也是其中一员)。由于脑生理原因(如 ADHD 等)、情绪原因或现实情境原因,这群人在应对拖延时,会面临更多的困难。

在这一人群中,特别是我自己运用正念行为改变这三个"挡位"的方法时,我一开始也着实碰到了一些障碍。它们甚至让我一度怀疑这套技术的适用范围。

但后来,我尝试在各个挡位做了一些扩展,类似于开发了一些"插件",然后发现,拖延非但不是正念行为改变的"化外之地",反而证明了这套技术是何等地切中了正念和行为改变的核心,有着多么旺盛的生命力。这些扩展包括但不限于:

- (一挡)识别和检验拖延的辅助回路
- (二挡)降低分心拖延人群做二挡练习的难度
- (二挡)识别和检验拖延背后的"依赖性"假设
- (二挡)把注意力、态度和意图当作行为来检验
- (三挡)从拖延问题的例外中,提取起效因素
- (三挡)探索有效行动中的滋养要素和奖赏性
- (全挡)根据"地形"灵活选择挡位,打破固定顺序

……

(假如你看到这些已经如堕五里雾中,也很正常。要理解这些,一般需要先理解书中正文的内容。所以在这篇译者序里就不展开介绍了,详见随书附赠的小册子。本文结尾处会介绍小册子)

气象学家洛伦茨提出的"蝴蝶效应"表明,热带雨林里的一只蝴蝶扇动翅膀,几周之后,可能会在两千公里之外引发一场龙卷风,这就是混沌系统的特点。

如果要看正念行为改变技术对我的帮助,那它并不是偶然扇

动翅膀的蝴蝶，简直是一只不停振翅的蜂鸟，源源不断地提供着示范和启发，龙卷风也是一场接着一场。

有幸卷入这一股股汹涌的智慧洪流，在这颠簸起伏、与命运共舞的几年里，针对拖延人群（特别是受困扰最重的慢性拖延人群）的"正念行动力"系统也在飞速地成长，趋于成熟。现在，拖延伙伴们也有属于自己的结构化正念干预系统了。

吸取布鲁尔博士第一本书的"成功教训"（如前所述），只说结果、不给方法是很危险的。所以一方面出于求生欲，一方面也是在出版社的鼓励下，我不揣冒昧地写了一本小册子，随书附赠。它也是一份"给拖延松绑"的计划。

借助于布鲁尔博士的挡位模型、几千年来传承发展的正念智慧，以及我自己作为"正念行动力"系统0号测试用户的切身体验，这本小册子或许能帮你绕开许多弯路和陷阱，更有成效地应对拖延的迷雾、暗礁和漩涡，牢牢把握行动的航向。

假如你或身边的伙伴面临拖延的困扰，特别是顽固拖延的困扰，这本小册子很可能值得参考。你可以直接看小册子，但要充分理解其中内容，一般需要先看这本书。小册子是这本书的"扩展包"——就像是一个伟大的游戏提供了开放式接口，于是热心玩家开发出了自己的剧情扩展包。

所以不用着急，你可以先去松解焦虑的五花大绑，再去突破拖延的重重围困。或许你会发现，"给焦虑松绑"只是个开始，我们终将学会给一个又一个的顽固问题松绑，给自己的生活松绑，一次又一次，以正念进入自在和自由之境。

何妨吟啸且徐行。无论你是否有拖延的困扰（它常常跟焦虑相伴），都祝愿你从这本书里充分采撷智慧。

最后是简短的致谢。对这本书的作者,前面已经感谢得不少了。那么现在,我想格外感谢机械工业出版社,特别是邹慧颖老师,把如此宝藏的书、作者和技术体系带到我们面前,也在我们翻译的过程中,提供了充分的关怀和包容。感谢一起翻译这本书的周玥老师和张淑芬师姐,在许多次字斟句酌的讨论里,我们彼此加深了对正念智慧的体验和理解,这对我来说是宝贵的收获。

也感谢在我学习正念和动机心理学,并参考本书实践开发的过程中,提供宝贵支持的师友们:除了我的正念引路人周玥老师外,还有暂停实验室的窦泽南老师、郭婷婷老师及各位伙伴,开智学堂的创始人阳志平老师,接纳承诺疗法(ACT)在国内的领航人祝卓宏教授,为我开设正念认知疗法八周课程提供培训和督导的薛建新老师、胡慧芳老师、张满老师和庞军老师,将正念饮食觉知训练(MB-EAT)的智慧传递给我的陈赢老师,还有很多这里列不下名字的师友……正是从各位那里接收到的营养,帮我更好地理解、掌握了现在这本书。我想,有一些营养也被我传递了下去,融入了书中一些译文的遣词造句当中。

感谢我的家人一直以来的支持和默默地分担,让我的这部分工作不但成为可能,更成为现实。

感谢正在阅读本书的你。译者的工作是传递鲜花而手有余香,并因为这个过程,有幸提前游历了一座花园——从这本书里获得了宝贵的滋养。

引 言

焦虑无处不在,一直如此,但最近几年,它开始以一种前所未有的方式主宰我们的生活。

我自己的焦虑史要回溯到很多年前。我是一名医生,准确地说是精神科医生。过去很多年,我努力帮助患者们克服焦虑。但在治疗他们的过程中,我总是觉得抓不住问题的关键。直到后来,我才把焦虑与我实验室里有关习惯改变的神经科学研究,还有我自己的惊恐发作(panic attacks)经历联系起来。从此一切都改变了。许多人之所以看不到自己的焦虑,是因为焦虑藏匿于坏习惯当中。当意识到这一点时,我豁然开朗。现在,我认为会有更多人不可避免地意识到自己的焦虑,无论他们是否正在努力与坏习惯作斗争。

我以前从未打算成为一名精神科医生。刚开始读医学院的时候,我根本不知道自己想成为哪一科的医生。我只知道自己想把对科学的热爱和助人的愿望结合起来。我参加的医学博士（MD）/哲学博士（PhD）联合培养项目刚好能满足这两点：前两年先在医学院就读，学习所有的知识和概念；之后转入PhD阶段，聚焦于一个具体的科学领域，学习如何做研究；再后来，回到病房，完成医学院第3、4学年的学习；之后进入住院医师实习阶段，专攻某个特定的医学领域。

刚开始读医学院时，我没有为自己设限，必须成为哪一科的医生。我只是着迷于人类生理和认知的复杂与美丽，想了解我们生而为人的整个系统是如何运作的。通常，项目前2年，医学院会给学生提供时间和空间去探索他们可能想专攻的领域。而在第3、4学年的医院病房轮训中，他们再确定自己的专业领域。要完成一个MD/PhD联合项目，需要8年左右的时间，所以我觉得自己还有大把时间来发现我真正想从事的领域，而眼下只需要专注于学习一切能学的东西。我花4年完成了PhD阶段，这么长的时间间隔，足以让我忘记在医学院前2年学到的一切。

所以，当我完成PhD阶段的学业，回归医学院继续学习时，第一次病房轮训我选择了精神科。这样，我就可以重新学习与患者面谈的一切技能，因为在就读PhD期间，我把这些技能给忘得差不多了。我从未想过要成为精神科医生，因为电影里对他们的刻画基本上都不太正面，而且我在医学院还听到过这样的笑话：精神病学是为"懒人和疯子"准备的，也就是说，如果你觉得自己是懒人或疯子，就可以去当精神科医生了。不过那次轮训让我大开眼界，如今回头看时，一切机缘好像冥冥之中已注定。我发现，我极其喜欢病房里的工作，并且真的能理解精神科患者的挣扎。在努力帮助患者们理解自己的心智运作，以让他们更有效地应对问题的过程中，我获得了莫大的快乐。虽然我也挺喜欢病房轮训的其他阶段，但还没有哪一个能像精神科一样吸引我，因此我最终选择了精神科。

当我从医学院毕业，开始在耶鲁大学接受住院医师培训时，我发现我不仅适合精神科，而且与在成瘾中挣扎的患者联结颇深。我在刚上医学院的时候开始练习冥想，在攻读 MD/PhD 的 8 年里也每日练习。随着我对成瘾患者的挣扎了解加深，我意识到，他们的挣扎和我在冥想练习中体会到的毫无二致，那是混合了渴求、执着和紧抓不放的感受。这令我惊讶，原来我们共享同一种"语言"和同一种挣扎。

在住院医师培训期间，我还开始遭遇惊恐发作。那时我缺乏睡眠，也常常觉得自己什么都不懂。同时，工作性质要求我随叫随到，我永远不知道寻呼机会在半夜几点钟响起，护理站又会碰到什么突发状况而没法接我的电话……所有这一切压垮了我的精神。这就是为什么我能对焦虑症患者感同身受！幸运的是，冥想练习对我很有帮助。当惊恐发作使我从睡梦中惊醒时，我可以凭借正念技巧安然度过发作期。更棒的是，虽然那时我并不知道原因，但是正念技巧确实帮助我遏制了惊恐蔓延的趋势，我学会了应对焦虑和惊恐，而且我并不担心或恐惧未来还会惊恐发作，这让我的焦虑得以被控制，避免惊恐症状发展成为真正的惊恐障碍。此外，我渐渐发现，我可以教人们觉察不舒服的感受（而不是习惯性地回避它们）；我还可以教他们管理和应对情绪的方法，而不只是简单地开药。

在住院医师培训期临近结束时，我意识到，关于冥想的科学研究还几乎无人涉足。这似乎是无人知晓的宝藏，它能帮我成功应对极端焦虑（很可能也能帮到我的患者），但没人探索它为什么有效、效果如何。所以在之后的十年里,我致力于开发用正念冥想帮助人们克服不良习惯(这些不良习惯与焦虑密切相关,甚至就是由焦虑引发的)的课程。事实上,就连焦虑本身,也是一种不良习惯。而现在,焦虑更是发展为一种流行病。你手中的这本书,正是所有这些研究的结果。

在电影《火星救援》中,马特·达蒙饰演的角色猛然间意识到自己被困在了火星上——"啊哦,糟糕了"。在一场风暴当中,他所有的伙伴都急忙赶回了安全的飞船上,只剩他独自面对死亡困境。他坐在小小的火星前哨站里,穿着他可爱的航天局小连帽衫,试图说点儿鼓劲儿的话让自己振作起来:"在压倒性的困难面前,我只有一个选择,"马特说,"我要穷极科学的洪荒之力!"

在马特·达蒙的激励下,我在这本书中也穷极科学的洪荒之力,弄清了焦虑的来龙去脉。

关于这些主题的书籍可谓汗牛充栋,但我们可以说,不是所有的书都真的有脑科学含量。

我可以保证本书的科学性足够高,而且是真正的科学,基于我的实验室(一开始在耶鲁大学,现在是布朗大学)多年以来由真实被试参与的研究。我公开发表了这些论文,有人阅读这些论文,并参考它们写书,这可以代表科研界的认可。

我做了几十年研究,一直喜欢学习和探索新事物,但不得不说,我发现的最有趣也最重要的关联,就是焦虑和习惯的关系——我们为什么会习得焦虑,甚至让它变成习惯。这种关联的建立,回答了"我们为什么会担忧"的问题。这不但满足了我作为科学家对焦虑的好奇,而且是帮助患者理解和应对他们自己的焦虑的关键。

你看,焦虑藏匿在人们的习惯之中。它藏匿进人们的身体里，因为人们会通过种种行为切断自己的感受。看清这种关联之后，我就可以帮助患者理解，他们如何形成了用任何行为（酗酒、压力性进食、拖延等）来处理焦虑的习惯。我也能帮助他们看到，为什么他们与焦虑和其他坏习惯抗争了这么久，仍然徒劳无功。焦虑会滋生其他不良行为，而不良行为又会延续焦虑，如此反复，直到一切失控，把他们带到我的办公室里。

我学到的一个重要教训是，"懂得越少，说得越多"在精神科同样适用。换句话说，你对一个话题或情境了解得越少，你就越会利用语言去填补空洞。说得多，不代表你对患者有更好的理解。实际上，当你并不了解自己在说什么时，说得越多，给自己挖坑的风险就越大。如果你发现自己已经在坑里了，就别再继续挖了，好吗？

这是一个痛苦的教训，原来"懂得越少，说得越多"也在说我。我并不是例外，想象一下，我滔滔不绝，好像说得越多就越能帮到患者似的。如果我反其道而行之，闭好嘴巴，练习"未知心"（"don't know" mind），直到我看到一些清晰的联系再说话，而不是努力扮演精神科专家的样子，反而也许能对病人有所帮助。

"少说多听"的法则不仅适用于精神科，而且适用于科学研究领域。少说，多听，让我逐渐意识到，我正在发展的有关习惯改变的概念，越来越浓缩精炼，自发地走向简化。不过，作为科学家，我可得小心别让自己把自己蒙蔽了。这一套概念是很简单，但它们真的有效吗？它们在门诊之外的环境中仍然有效吗？所以早在2011年，当我的第一个大型戒烟临床试验显示，正念训练的戒烟率比当时的"金标准"治疗方案高出惊人的5倍时，我就开始探索，怎样可以反过来利用那些"大规模分心武器"（智能手机），来帮助人们克服坏习惯。我穷极了科学的洪荒之力，发现正念训练在真实的临床试验中效果同样显著。所谓显著，指的是肥胖或超重人群与渴求相关的进食减少了40%，广泛性焦虑障碍（generalized anxiety disorder）人群的焦虑减少了63%（医生群体的焦虑下降程度也与此相近），等等。我们的研究结果甚至表明，基于手机应用的正念训练，已经能锁定和吸烟相关的特定脑区网络。没错，就是手机应用！

我在精神科的临床实践、研究、概念提炼，这三方面的成果结合起来，构成了这本书的内容。我希望它能成为一本有用又务实的指南，改变你对焦虑的理解，让你能卓有成效地与它周旋，还能获得额外的奖励——把所有无益的习惯和成瘾，都统统打破。

阅读本书的时候，请记住它的结构：导论会介绍关于焦虑形成过程的心理学和神经科学知识。这些知识将为你提供一个便于开始实践操作的框架。第一部分则会向你展示，怎样识别焦虑的触发物（以及焦虑本身又会触发出什么）。第二部分将帮助你理解，为什么你会陷在担忧和恐惧的循环里，以及如何升级你大脑中的奖赏网络，以让自己从这种循环中解脱。第三部分会教授你一些简单的工具，帮助你调用大脑的学习中心，永久地打破焦虑（和其他习惯）的循环。

目 录

作者简介
译者简介
赞　誉
译者序一
译者序二　奇书、宝藏作者和蝴蝶效应
引　言

导　论　理解你的大脑

第 1 章　焦虑病毒来袭 / 2

重新认识焦虑 / 4
在日常生活中无处不在的焦虑 / 5
做过多计划的玛赫里 / 6
被惊恐发作打破平静生活的艾米丽 / 8
焦虑从何而来 / 12

第 2 章　焦虑的诞生　/ 15

　　焦虑是一头奇怪的野兽　/ 15

　　焦虑的脑科学原理　/ 16

　　获取更多信息就能停止焦虑吗　/ 20

　　如何避免焦虑升级成恐慌　/ 22

第 3 章　习惯和日常生活中的成瘾　/ 27

　　日常生活中无处不在的成瘾　/ 27

　　习惯的形成源于大脑中的奖赏机制　/ 31

　　使人们形成习惯与成瘾的两个危险配方　/ 34

第 4 章　焦虑也是一种习惯回路　/ 37

　　担忧与焦虑的循环怪圈　/ 39

　　"解决问题"的问题　/ 40

　　职业倦怠文化的流行病　/ 43

　　我们真正需要的是"给焦虑松绑"　/ 48

第一部分　一挡：图示你的头脑

第 5 章　如何图示你的头脑　/ 52

　　一挡　/ 56

　　改变习惯也许很困难，但不一定痛苦　/ 59

　　找到你自己的故事线　/ 61

第 6 章　为何你的焦虑与习惯克服策略不奏效　/ 64

　　习惯克服策略 1：意志力　/ 66

　　习惯克服策略 2：替代　/ 68

　　习惯克服策略 3：预设环境　/ 68

　　习惯克服策略 4：正念　/ 69

第 7 章　戴夫的故事 1　/ 74
　　　因焦虑无法开车和吃鱼的戴夫　/ 74
　　　画出戴夫的焦虑习惯回路　/ 75
　　　可是，有一点点焦虑感，不是件好事吗　/ 77

第 8 章　关于正念的简单介绍　/ 83
　　　正念的定义及作用　/ 83
　　　不受控制的持续性思维　/ 85
　　　用正念消解持续性思维　/ 88

第 9 章　你的正念人格类型是什么　/ 92
　　　三类人的行为倾向　/ 93
　　　行为倾向测验　/ 95
　　　发挥不同人格类型的优势　/ 98

第二部分　二挡：更新大脑的奖赏值

第 10 章　大脑是怎样做决定的　/ 102
　　　顽固的拖延或恐惧的焦虑习惯回路　/ 102
　　　为什么大脑更喜欢蛋糕而非西蓝花　/ 104
　　　觉察：刷新你的奖赏值系统　/ 107
　　　祛魅：圣诞老人掉马甲　/ 110
　　　二挡：祛魅的礼物　/ 111

第 11 章　空想无用：戴夫的故事 2　/ 114
　　　看清行为和奖赏之间的因果关系　/ 114
　　　摆脱习惯需要大脑看清奖赏性的不足　/ 117
　　　短时，多次　/ 119

第 12 章　从过往经历中学习和成长　/ 121
　　　回顾性二挡　/ 121
　　　思维模式很重要　/ 126

　　　　　固定型思维模式和成长型思维模式　/ 127

第 13 章　解困：丹娜·斯莫尔的巧克力实验　/ 133
　　　　　觉察改变习惯　/ 135
　　　　　态度决定一切　/ 136

第 14 章　改变一个习惯需要多长时间　/ 140
　　　　　21 天真能改变习惯吗　/ 140
　　　　　雷斯科拉 – 瓦格纳模型　/ 141
　　　　　不要信任你的想法，而是信任你的身心　/ 146
　　　　　惨痛成长机会：如何应对自我评判的习惯回路　/ 148

第三部分　三挡：为大脑找到上上之选

第 15 章　上上之选　/ 154
　　　　　欲望（马）与意志力（骑手）之间的"角力"　/ 154
　　　　　如何训练大脑停止被旧的奖赏模式束缚　/ 157
　　　　　三挡　/ 158
　　　　　定义"三挡"　/ 162

第 16 章　好奇心的科学　/ 167
　　　　　好奇心的两种风味：愉悦型和不愉悦型　/ 168
　　　　　不一样的风味，不一样的奖赏，不一样的结果　/ 172
　　　　　将好奇心用于习惯改变和学习　/ 173
　　　　　好奇心：我们与生俱来的超能力　/ 174
　　　　　怎样训练好奇心　/ 177

第 17 章　戴夫的故事 3　/ 180
　　　　　用好奇心替代旧的习惯行为　/ 182
　　　　　呼吸　/ 186

第 18 章　下雨天的好处　/ 190
　　　　　习惯回路让我们一错再错　/ 191
　　　　　RAIN 练习　/ 194

第 19 章　你需要的只是爱　/ 199
　　　　　慈心练习　/ 201
　　　　　慈心练习并不总是很容易　/ 204
　　　　　决心　/ 206

第 20 章　"为什么"的习惯回路　/ 208
　　　　　肩负过重生活负担的艾米　/ 208
　　　　　"为什么"的习惯回路使焦虑加剧　/ 210
　　　　　眼睛是心灵之窗（至少是情绪之窗）　/ 212

第 21 章　医生也会惊恐发作　/ 217
　　　　　三挡不等于更好　/ 219
　　　　　标记练习　/ 220
　　　　　即使是医生也会患上惊恐发作　/ 223
　　　　　养成好习惯　/ 226

第 22 章　循证信念　/ 229
　　　　　信念　/ 230
　　　　　我的拖延习惯回路　/ 233

第 23 章　不焦虑　/ 239
　　　　　确定性能减轻焦虑　/ 241
　　　　　将"极端主义"进行到底　/ 244

后　　记　6 年和 5 分钟　/ 250

致　　谢　/ 254

参考文献　/ 258

Unwinding Anxiety
导论

理解你的大脑

> 由某个意识制造出来的问题,无法由这一意识自己解决。
>
> ——佚名

第1章

焦虑病毒来袭

焦虑很难定义,但你一旦看到它,就能认出它。

当然,如果你看不到它,就另当别论了。

在大学时代,我是个勇往直前、热爱挑战的Ａ型人。我在印第安纳州长大,我的母亲是一位有4个孩子的单亲妈妈。到了该选大学的时候,我申请了普林斯顿大学,因为我的辅导老师说我永远也不会被录取。于是我懵懂地踏入了普林斯顿大学的校园。我就像孩子进了糖果店一样,被各种机会晃得眼花缭乱,什么都想做。我尝试加入一个无伴奏合唱团(被合情合理地拒绝了),然后加入了划艇协会(并待了一个学期),又在管弦乐队演奏(到大四时成为乐队管理机构的联合主席),还在户外项目中担任背包旅行团队的领队,参加自行车队的骑行(也是一段较短的经历),学会了攀岩(每个星期数次,近乎虔诚地在岩壁上挥洒汗水),还加入了一个叫"捷兔俱乐部"（Hash House Harriers）的古怪跑步组织……诸如此类，还有很多。我是如此迷恋大学生活，以至于每个暑假都选择留校而不是回家，泡在实验室里努力学习怎样做研究。对了，除了化学学位以外，我还拿到了一张音乐表演的证书，这样我的大学教育可算是圆满了。大学4年时光匆匆，一去不返。

在大四快结束，我准备去医学院继续完成学业时，我在学生健康中心预约了一次看诊，因为我明显感觉自己不太健康，尽管我能做那么多事情。我有严重的腹胀和胃痉挛，而且总是急着上厕所缓解内急，就像好久没去过似的。情况日渐严重，我不得不规划自己每天的跑步路线，确保自己不会偏离公厕太远。当我向医生说明症状时（那时候还没有谷歌，所以我还不能煞有介事地给自己下诊断），他像聊天似的问我，是不是有心理压力或焦虑。我矢口否认，怎么可能！我可是每天锻炼，保持健康的饮食习惯，拉小提琴，还做这个做那个呢。在他耐心倾听时，我那颗否认焦虑的头脑抛出了一个（其实很难说是）合情合理的可能性：我最近带领了一次背包旅行，所以我一定是没有正确地净化饮用水（虽然我在这种事情上总是倍加小心，而且那次旅行别人也都没有生病）。

"一定是贾第虫病。"我向大夫提出这个假设，而且说得尽可能有理有据。这是一种在野外饮用未经净化的水导致的阿米巴原虫感染，常常表现为严重的腹泻。是的，他当然知道贾第虫病是什么，但我的症状并不真的像贾第虫病。我不愿意看到那个再明显不过的事实：我的压力如此之大，以致焦虑已经在身体上表现出来——因为我的头脑无视或干脆拒绝承认它。焦虑？不可能。

是谁也不会是我。

我花了大概 10 分钟，试图说服大夫我不可能是焦虑，也和那个被他称为"肠易激综合征"（其症状恰恰就是我刚刚向他描述过的那些）的病症没什么关系。他耸了耸肩，给我开了抗生素，以清理我肚子里理论上造成我腹泻的"贾第虫"。

重新认识焦虑

当然，我的症状依旧。后来我才知道，焦虑有很多种变化形式。从考试前的一点点紧张感，到全面的惊恐发作，甚至到迫使我把普林斯顿市所有公厕的位置都记在头脑里的严重腹泻，这些都属于焦虑的表现。

按照网络词典的定义，焦虑是"一种担忧、紧张、不安的感受，通常跟即将到来的，或者结果不确定的事情有关"。这简直可以囊括所有事情。你看，任何将要发生的事情，都可以是"即将到来"，而我们唯一能确定的恰恰就是"事无确定"，所以，在任何地点，任何状况下，在一天中的任何时间，焦虑都有可能冒头。公司会议上的季度业绩幻灯片带来的焦虑感，可能只是像针扎了一下；但如果随后同事们纷纷传言几周内会有裁员，而公司高层也不确定会有多少人丢掉工作，那种焦虑的感觉则像是中了一枪。

有些人从早上醒来就开始焦虑，紧张感像饿猫一样把他们从梦中戳醒，然后，顽固的担忧纠缠不休，让他们越来越清醒（根本不需要咖啡）。担忧会在一整天里逐渐加深，然而他们甚至搞不懂自己到底为何而焦虑。这就是我那些患有广泛性焦虑障碍的患者面临的情况。他们在焦虑中醒来，在担忧中度过一整天，然后继续大肆担忧至深夜。"为什么我就是睡不着？"这样的想法更是给焦虑火上浇油。另一些人则困扰于惊恐发作，或者毫无征兆地袭来，或者（像我自己常碰到的那样）半夜把人从睡眠中惊醒。还有一些人的担忧指向具体的事物或主题，而且奇怪的是，他们不受除此之外的其他事物影响，即使这些东西会让一般人抓狂。

在日常生活中无处不在的焦虑

当然，要是我不提一下焦虑症的症状清单能列多长，就太不像个精神科大夫了。不过，尽管接受了医学训练，我仍然不太愿意轻易给事情贴上障碍或疾病的标签。因为你很快就会看到，有太多所谓的状况，都只是出于我们大脑中一个自然（而且通常有益）的过程所发生的微小错位。我们其实是把生而为人这件事也贴上了疾病的标签。当"疾病"出现时，我认为心智或大脑更像是一根稍微走调的小提琴琴弦。这种情况下，我们不会给乐器贴上次品的标签然后扔掉，反倒是会听听哪里出了问题，把琴弦调紧（或调松）一点儿，然后继续演奏音乐。然而，出于诊断和收费的目的，"焦虑症"还是遍布整个"交响乐队"，包括特定恐惧症（例如害怕蜘蛛）、强迫症（obsessive-compulsive disorder，例如一直担心病菌并因此而不断地洗手）和广泛性焦虑障碍（基本可以顾名思义：对日常事物的过度担忧）。

至于日常焦虑要到什么程度才能触发"症"的开关，在一定程度上取决于诊断医师怎么看。举个例子，要达到广泛性焦虑障碍的诊断门槛，一个人必须对"各种各样的主题、事件或活动"有过度的焦虑和担忧，并且这种情况必须要"在至少 6 个月内经常发生,而且是明显过度"。说不定我在医学院上课时,有一节课睡过去了,没学到怎样精确地判断:什么时候担忧从不足以构成诊断转为明显过度,表明我要拿出处方笺或者开药了?

由于焦虑常常停留在内心层面,而不会有头顶上长出个大包一类的表现,所以我不得不向我的患者问一大堆问题,看看他们的焦虑有何种表现。我在大学的时候,当然不知道自己有焦虑症,直到我根据事实综合判断,最后才把标记跑步路线上所有卫生间这件事,跟焦虑性担忧联系起来。按照医学手册,焦虑的一些典型症状包括紧张、不安、易疲倦、难以专注、易怒、肌肉疼痛加剧、入睡困难等。不过很明显,这些症状本身并不会在你的背上钉一块牌子:"此人患有焦虑",并且让每个人都看到。我在大学时代否认自己的焦虑,而我的患者也可能这样做。至关重要的是,我必须帮他们把焦虑的临床表现,跟他们头脑中发生的事情联系起来,然后才能真正开始治疗。

为了凸显焦虑在个人生活中的表现可以有多大的差异性,我来举两个例子,都是来自位高权重、光鲜亮丽的女性。

做过多计划的玛赫里

我的妻子玛赫里是一位四十岁的大学教授,她不但备受学生喜爱,而且她的研究工作在国际上享有盛名。她不太记得自己的焦虑是何时形成的,直到读研究生的时候,她在焦虑话题上跟姐姐和表姐讨论了一次之后,才意识到家庭习惯正是焦虑的外在表现。这一点,单独看显得匪夷所思,可作为模式却又极其清晰。对她来说,给这件事贴上标签的时刻,真是让人豁然开朗。她是这样说的:"这种焦虑太微妙了。在我们可以在家庭内部为它命名之前,我们甚至没法在自己身上认出它来。"她注意到自己的祖母、母亲和姨母都有一定程度的焦虑,而且,这种情况从她记事以来就一直存在。举个例子,在玛赫里小时候,她的妈妈常常陷入过度计划之中,并以此作为她掌控自己处境的方式。这一点在他们准备旅行时表现得尤为明显。玛赫里特别不喜欢旅行前的准备,因为她妈妈的焦虑会表现出来——表现形式就是对她、她父亲和她姐姐发火(易怒)。

在玛赫里认识到她家庭成员的焦虑之后,她才意识到自己也有同样的状况。在为这本书而进行的一次非正式早餐前面谈中,她认真思考了焦虑对她来说是什么感受:"这是一种轻微的感觉,本身没有什么实体。它依附于任何能依附的具体场景或想法。就好像我的心智在寻找一些可以去担心的事情。我之前会把这种感受看成是对某些事情的紧张感。那时我很难把它跟我的生活经验区分开,因为我以为它是正常的生活变迁和环境所必然导致的。"是的,这就是广泛性焦虑的关键特征:我们的心智只是碰到了一个无害的对象,也会开始为之担忧。对很多人来说,焦虑就像荒原上的野火,从破晓时分的一根火柴燃起,被日常的经历助燃。随着一天的展开,火势越来越旺,火光越来越亮。

在谈话的最后部分,我们已经要开始吃早餐了,玛赫里又补充道:"不认识我的人,不会想到这是我一直要面对的东西。"不管我有没有接受过精神科专业训练,都能证实这一点:她在同事和学院学生面前,表现得极其镇静。不过,她焦虑的时候,无论是她自己还是我都能感觉到。一条常见的线索,就是她聚焦于一些未来的事情,并开始做计划。就像是她的大脑会抓起一个稍有一点儿内在不确定性的东西或时间段（例如周末时间）并且开始加速运转，仅仅是因为它没有定型。伴随着每一个内心计划的动作，大脑努力把这块"黏土"塑造成熟悉的形状。对艺术家来说，一块没有定型的黏土，意味着可能性。对旅行家来说，一个没有安排的周末，意味着有希望外出冒险。而对紧张不安的人来说，这种缺乏结构的状况，则会疯狂地唤起他们的焦虑。我和玛赫里之间，有一种经久不衰的玩笑——我会问她一些类似于这样的问题："你今天上午计划好今天下午怎样为晚上订计划了吗？"

被惊恐发作打破平静生活的艾米丽

广泛性焦虑是缓慢燃烧的。与此相反，有些人的焦虑则表现为间歇性发作的惊恐症状。来看看艾米丽的例子。艾米丽是玛赫里的大学室友（她是我们的好朋友，并与我从医学院时期起关系就最好的一位朋友结婚了。其实我跟玛赫里认识，还是他们俩不经意间介绍的），同时是一位出庭律师，从事高层政治相关工作，包括国际谈判等。当她还在法学院就读时，就开始经历惊恐发作。我邀请她说明一下，那种情况是什么样子。她在回我的电子邮件里，是这样描述的：

> 我在法学院读书时，在二年级和三年级之间的暑假，我很幸运地获得了一家大的律师事务所的暑期律师职位。出于工作原因，我会经常被邀请到公司合伙人的家里，跟他们的家人和其他一些律师一起吃饭，既有全职律师，也有其他的暑期律师。这样一种聚会是为了培养团队关系，你也能借此见识公司成员的个人生活。那

年7月份，有一次这样的晚餐，实际上当时过得很愉快。结束后我回到家躺下，很容易就睡着了。不过，大概两小时后，我猛然醒过来，心脏怦怦直跳，浑身冒汗，大口喘气。我不知道是出了什么问题——我根本不记得做过什么噩梦，或者碰到别的什么事。我迅速下床，在房间里来回走动，看能不能让恐慌感停下来。我担心得不行，于是就给我老公打电话，恳求他回家。他当时正在医院急诊科上夜班，但还是立刻回家了。我的症状最终得到了缓解，我也意识到自己会平安无事，但仍然不太清楚到底发生了什么。

那年秋天我回到法学院，开始最后一个学年的学业。当时我已经收到那家公司的全职工作录用函，于是放松下来。现在回想，那段时间也没有碰到什么其他状况。但是第二年夏天，惊恐发作就卷土重来——几乎总是跟之前一样：我入睡毫不费力，但没过几个小时就被它惊醒。我当时正在备考律师资格考试，痛苦无比；与此同时我那结婚30年的父母（至少在我所知的范围里，他们的婚姻一直幸福）突然宣布他们准备离婚；祸不单行，当我在律师事务所开始上班后，不但每天工作时间很长，而且相邻办公室的年长律师还试图对我进行职场精神操控，他对待我就像对待他的个人财产。他常常对我说教，让我觉得对自己的生活毫无掌控，因为我归公司所有，而且要为这份工作机会感恩戴德。这一系列事件与状况似乎将我对我所理解的生活的掌控感扫荡一空，导致我在六个月时间里经历了数次惊恐发作。我去看了几次心理治疗师,研读了一些资料,此时我终于明白发生了什么。一旦我知道了这是什么(惊恐发作),就觉得自己更有掌控感了。我会这样告诉我自己:"你觉得自己要死掉了,但实际上不会,这是大脑在跟你玩游戏呢。只有你自己能决定接下来会发生什么。"我学会了如何通过深呼吸,慢慢从发作当中脱离出来,并把念头紧紧聚焦在能让人恢复冷静的行动上。

到目前为止,不是每个人都能像艾米丽一样拥有过人的推理能力和专注力,她简直能媲美《星际旅行》中的外星人斯波克先生。无论如何,如果说玛赫里描述的广泛性焦虑就像是缓慢燃烧,那艾米丽故事里的焦虑,则更像是个茶壶:加热,加热,直到爆炸——常常是在半夜爆炸。对艾米丽和玛赫里来说,有一个很关键的点:她们只有在看清自己焦虑的特定变化形式后,才能开始面对这个问题。

无论是真正的医生,还是依赖搜索引擎的"键盘医生",都会承认一条底线共识:焦虑,无论是临床意义上的还是其他意义上的,都是一个有点儿棘手的诊断。我们都会焦虑——这是生活的一部分——至关重要的是怎样应对它。如果我们不知道焦虑是怎样出现的,以及为什么出现,就可能会沉迷于一些暂时的消遣或短期有用的小修小补。但这些手段,实际上往往反而助长了焦虑,形成了坏习惯。(你在压力重重的时候,有没有试过吃冰淇淋或者小甜饼来解压?)或者我们可能会花费一生的时间,试图治愈焦虑,最终却只是让焦虑增多。(我为什么不能简单地找出焦虑的原因,然后解决掉呢?)这些就是这整本书的内容。

我们会一起探索，焦虑是怎样从我们大脑的基本生存机制中产生的，又是如何成为一种自我延续的习惯的，以及你可以做哪些事情来改变你跟焦虑的关系，让焦虑的绳结自行松开。除此之外，你还会有一个意外的收获：了解这种基本机制怎样驱动了其他习惯的运转（以及怎样处理这些习惯）。

焦虑并不是新鲜事物：托马斯·杰斐逊（Thomas Jefferson）在1816年给约翰·亚当斯（John Adams）的一封信里曾经写道："确实有一些忧郁和疑病的心灵，困居于患病的身体里，对当下感到恶心，对未来感到绝望；只是因为存在可能性，就总是认为最坏的事情一定会发生。对这些人，我想说，那些从未发生的坏事，让我们付出了多少的痛苦！"[1] 虽然我不是历史学家，但能想象得出来，杰斐逊有一堆值得焦虑的事情，包括从参与建立一个新的国家⊖，到面对自己对奴隶制的伪善态度。（他曾写道"人人平等"，并称奴隶制是一种"道德上的堕落"和"可怕的污点"，给美国新生政权的生存带来了巨大的威胁，但他本人一生中也奴役了六百多人。）[2]

在现代世界中，技术的进步有助于提供更加稳定的食物供应，美国也已经有了近二百五十年的历史。我们可能会期待，值得担忧的事情该少一些了吧。在新冠疫情前——我是说，在2019年新冠病毒出现之前——按照美国焦虑和抑郁协会的估算，全世界有2.64亿人患有焦虑症。[3] 另有一份稍有年头的研究（数据收集自2001年至2003年之间）——美国国家精神卫生研究院的报告宣称：美国有31%的成年人一生中会罹患一次焦虑症；

⊖ 托马斯·杰斐逊是美国开国元勋之一，并任美国第三任总统。——译者注

19%的人在调查之前的一年里罹患焦虑症。⁴这已经是二十年前的调查了,而最近的二十年里,情况恐怕只会更糟。2018年,美国心理学会对一千名美国成年人的焦虑来源和焦虑水平进行了调查,他们发现:39%的美国人报告说,他们在2018年比在2017年里更加焦虑;同样有39%的美国人,报告说他们的焦虑水平跟2017年持平。⁵也就是说,焦虑水平相比前一年没有下降的人,几乎达到总体的80%。

焦虑从何而来

这些焦虑都是从哪儿来的?同一调查的结果显示:68%的受访者报告说,对健康和安全的担忧,使得他们"有些焦虑"或者"极度焦虑";大约67%的受访者报告说,财务问题是他们焦虑的源头;排名随后的焦虑来源是政治问题(56%)和人际关系(48%)。2017年,美国心理学会开展了一项名为"美国生活的压力"的调查,发现:63%的美国人感到"国家的未来"是一个巨大的焦虑来源,且有59%的人打钩同意"美国正处于他们有记忆以来的历史最低点"。⁶请记住,这可是在2017年,距离新型冠状病毒来袭还有3年呢。

据观察,在美国境内社会经济地位较低的地区,精神疾病往往更加高发。有些人想知道,在那些不太富裕的国家里——那些食物来源稳定性、饮用水的清洁性,甚至人身财务安全方面都会面临实质性压力的地方——焦虑的患病率是否也会更高。为了弄清这个问题,2017年《美国医学会杂志-精神病学》上发表的一项研究考察了全球范围内广泛性焦虑障碍的患病率。⁷准备好迎接研究结果了吗?在高收入国家,广泛性焦虑障碍的终身患病率最高(5%);中等收入国家较低(2.8%);低收入国家最低(1.6%)。这篇论文的作者认为,高收入国家相对富裕和稳定,而在此条件下,在忧虑倾向上的个体差异可能就会表现得更明显。为什么会产生这种现象?相关的推测越来越多。一种推测是,在基本需求得到满足后,我们就有了更多的闲暇时间,这使我们的"生存脑"(survival brain)开始搜寻造成威胁或值得担心的事情。于是,有人会把这群人称为"没病瞎操心的健康人",不过,患有广泛性焦虑障碍的人,可远远谈不上健康。在这项研究中,有一半人在一个或多个生活领域中报告了严重的失能。我认为,我那些患有广泛性焦虑障碍的患者,在焦虑的耐力"运动"中堪称奥运选手——他们可以比地球上的任何人都担心得更久、更辛苦。

随着新冠疫情发展,早期评估(没想到吧?这么早就有评估)报告说,焦虑水平像火箭一样蹿升。2020 年 2 月,在中国开展的一项横断面调查发现,广泛性焦虑障碍的流行率达到 35.2%——这只是疫情早期的数据。[8] 在英国,一份 2020 年 4 月底的报告称,与新冠疫情之前的趋势相比,"精神健康状况恶化了"。[9] 在美国,2020 年 4 月的一项研究发现,有 13.6% 的受访者报告了严重的心理困扰[10],跟 2018 年相比猛增 250%(2018 年只有 3.9% 的人报告了这种程度的困扰)。

对于你来说,要确认这一点也不难——只需要回顾一下自己的经历,或者看看社交媒体上的信息就行了。包括新冠疫情在内的大规模灾难,几乎总是伴随着精神障碍的增加,并且种类极广,其中少不了的是物质滥用和焦虑。举个例子,2001 年的

"9·11"事件后,接近25%的纽约人报告饮酒量增加。[11] 2016年,在麦克默里堡森林大火(这是加拿大历史上代价最惨重的灾难)发生6个月之后,邻近地区居民出现广泛性焦虑障碍症状的概率激增到了19.8%。[12]

焦虑并非独来独往,它更喜欢呼朋引伴。前面提到的2017年《美国医学会杂志-精神病学》上的那项研究,就发现有80%的广泛性焦虑障碍患者也患有另一种终身性精神疾病(lifetime psychiatric disorder),其中最常见的是抑郁症。我的实验室近期也有一项研究,发现了类似的情形:有84%的广泛性焦虑障碍患者共病其他心理障碍。

焦虑并不是凭空出现的问题,相反,它是我们与生俱来的困扰。

第 2 章

焦虑的诞生

焦虑是一头奇怪的野兽

作为精神病专家,我早就了解,焦虑和它的近亲——恐慌,都是恐惧的产物。作为行为神经科学专家,我知道恐惧在进化中的主要功能是帮助我们生存。实际上,恐惧是我们从进化中获得的最古老的生存机制。通过一个叫作"负强化"(negative veinforcement)的大脑运行过程,恐惧教会我们避开未来的危险状况。

举个例子:假如我们走到一条繁忙的街道上,转头看见一辆轿车正对着我们疾驰而来,我们会本能地跳回到安全的人行道上。这种恐惧反应,让我们迅速明白:街道是危险之地,行走其中需要倍加小心。进化机制让这种学习过程变得相当简单。有多简单呢？我们要在类似情况下完成学习，只需要三个要素：环境提示、行为和结果。在这个例子里，走入一条繁忙的街道（环境提示）是信号，提醒我们在过街前要看两边（行为），毫发无伤地穿过马路（结果）则会让我们记住正确的做法，以便今后重复使用。这样的一套生存工具，是我们跟所有动物共有的。即使是海蛞蝓，只拥有目前科学已知最"原始"形式的神经系统（总共只有两万个神经元，而人脑则有约一千亿个神经元），也在使用着相同的学习机制。

在过去一百万年里的某个时期，在原始的生存脑的基础上，人脑进化出了一层新的结构，神经科学家称之为前额叶皮质（从解剖学的角度看，这"新一代"的脑区就位于我们的眼睛和前额后面）。对于创造和规划能力来说，前额叶皮质必不可少，它帮我们思考和计划未来。前额叶皮质根据我们过去的经验来预测未来会发生什么，而至关重要的是，它需要准确的信息，才能做出准确的预测。如果缺乏信息，我们的前额叶皮质就会针对可能发生的事件，演算不同的版本，帮我们选出最佳的前进道路，具体的做法是基于我们生活中最相似的过往事件来模拟。举个例子，卡车和公交车都跟轿车足够相像，于是我们就可以安全地假定，光避开轿车是不够的，我们应该看清路的两边，避开所有疾驰的车辆。

现在进入焦虑的正题。

焦虑的脑科学原理

当前额叶皮质信息不足，无法准确预测未来时，焦虑就会产生。2020年年初暴发的全球新冠疫情，让我们对这点看得尤其清楚。正如面对任何新发现的病毒或病原体一样，科学家们竞相投入对新冠病毒特征的研究，以求准确计算它的传染率和致死率，这样我们才能采取恰当的行动。然而不确定性比比皆是，特别是在研究探索的初期。没有准确的信息时，我们的大脑就很容易根据最近听到或读到的信息，编造出令人恐惧的故事情节。并且，新闻越是惊人（越会增强我们的危机感和恐惧感），大脑就越可能记住它，这是我们大脑的信息加工特点所决定的。现在还要加上一些其他的令人恐惧和不确定的因素——家庭成员患病或死亡、失业的威胁、孩子是否返校的两难选择、如何安全地重启经济的担忧，等等——这么多难题，可够你的大脑去应对了。

请注意这里的区别：恐惧本身并不等于焦虑。恐惧是一种适应性的学习机制，能帮助我们生存。焦虑则相反，它是适应不良的体现：由于信息不够充足，我们的大脑在思考和计划中急速地运转，到了失控的程度。

观察恐惧反应的发生速度，你就可以了解这一点。假如你走进一条繁忙的街道，一辆轿车冲过来，你会反射性地跳回人行道上。这种情况下，你根本没有思考的时间。要通过前额叶皮质来处理所有信息（轿车、速度、轨迹等），得花太多时间；决定做什么（"我是后退避开汽车，还是原地不动，等汽车调转方向绕开我？"），则需要更多的时间。我们把时间长短区分为以下三个迥然不同的尺度，从中可以看到"反射""学习""焦虑"之间有多么不同：

（1）即时（以毫秒计）
（2）急性（数秒到数分钟）
（3）慢性（数月到数年）

即时反应发生在生死存亡之间。在这种状况下，我们并没有学习什么，我们只是单纯地逃离危险，一切必须非常迅速，本能地做出反应。你跳回人行道的速度之快，以至于你在行动之后才意识到刚刚发生了什么。这个反应是在你原始脑（older brain）的自主神经系统里开始的。自主神经系统可以在你的意识控制之外运作，迅速地调控各种状况，包括心脏要泵出多少血液，或肌肉要不要比消化道多获得一些血液。这是救命的应急机制，因为面临迫在眉睫的威胁时，你根本没有时间思考——思考比即时反应要慢多了。换句话说，正是这种"战斗－逃跑－僵住"的反应，确保你能活下来，然后才能进入下一个阶段，真正从事件里学习。

一旦你成功脱险，就会感觉到肾上腺素激增，并开始处理刚才发生的事情（急性学习开始了）。想到刚才差点儿没命，你就会把"走到街上"跟"危险"联系起来。大脑甚至还会挖出一两段遥远的记忆，比方说你父母的声音突然浮现在脑海中，因为你回想起第一次由于过马路前没有看两边而被老妈老爸数落的场景。恐惧的生理反应是一种令人不快的感受，正是这种不快让你学会收起手机，过马路前先看两边。你看，这个学习过程是多么迅速。你并不需要花几个月的时间接受心理治疗，努力弄清自己是否有着死亡驱力，或者成长过程中是否一直是个叛逆小孩。你学到的东西再简单不过了，就是在危险情况下当心而已。你把拥挤繁忙的街道，跟险些被车撞到联系起来了。讽刺的是，这件事你从小就被父母唠叨，而现在却一下就学会了。（留意一下，与概念推导相比，从经验当中学习是不是有效得多？我们的大脑真的精于此道。）在这场有惊无险的遭遇之后，你还有件重要的事情要做,那就是学会安全地释放由"我差点儿死了"的体验伴随肾上腺素飙升带来的多余能量,以免留下慢性的压力、焦虑或创伤后应激等问题。就像斑马在死里逃生后会又跳又踢,狗在脱离险境后会晃动身体一样。这种情况下,单纯跟人聊天可能没什么用,你得做一些实实在在的身体活动,像是喊叫、晃动、跳舞,或者参加一项体育锻炼。[1]

原始脑和进化脑(newer brain)合作良好,保障了你的生存:你本能地行动(从马路跳回人行道),并从你的遭遇中学习(过马路前先看两边),于是能活下来,并开始为将来做计划("我得保证我的孩子知道,这个十字路口危险着呢")。如果一切运作良好,正说明前额叶皮质工作出色。前额叶皮质从过去的经验中获得信息,把信息投射到未来,以此来模拟和预测可能发生的事情。正因如此,你可以为下一步做计划,而不必总要事到临头才应接不暇地反应。只要有足够的信息,能让你做出良好的预测,这种机制就没什么问题。你越能确定将要发生什么,就越能预测和计划。

焦虑在进化的思考脑(thinking brain)中萌芽(慢性过程),而原始的生存脑则为焦虑的种子提供了肥沃的土壤。这就是焦虑的诞生之地。恐惧加不确定性等于焦虑。举个例子,当你的孩子头一次想独自步行上学,或者穿过几条街去朋友家做客时,你感觉如何呢?你已经仔细地教过他们怎样安全过马路了,告诉过他们陌生人很危险,叮嘱了所有其他事项。但就在他们离开你视线的那一刻,你的头脑会做什么?它开始设想所有最坏的情况。

如果没有过去的经验或者(准确的)信息,你会发现,要关掉那个担忧的开关,并冷静地计划未来,真的很难。要是思考脑或计划脑（planning brain）有个信息开关，在信息量不足时能进入睡眠模式，等信息充足时再启动就好了。可惜真实情况恰恰相反，焦虑会催促你去行动。"去给我找一些信息！"它在你耳朵里面大喊（奇怪吧？因为这是你脑子里的声音）。然后你就发现自己开始回忆所有看过的间谍电影，想要秘密跟踪孩子们，确保他们能够（靠自己）安全抵达目的地。

获取更多信息就能停止焦虑吗

大体来看，好像信息越多越好（只要你能获得信息）。毕竟，知道更多就更有助于我们保持掌控，因为信息就是力量，不是吗？随着互联网的问世，信息不再短缺，但准确性却在海量内容的淹没中变得堪忧。当几乎任何人都能发布自己想发的任何东西，而且带来传播量的不是准确性，而是幽默、愤怒或冲击性的时候，网上很快就会充斥过多的信息。我们基本不可能全部涉猎如此多的信息（假新闻比真新闻的传播速度高 6 倍），这会令人丧失掌控感。从科学的立场看，做计划时有太多的信息供选择，造成的影响被称为选择过剩。

西北大学凯洛格管理学院的亚历山大·切尔涅夫（Alexander Chernev）团队甚至发现，有 3 个因素会明显降低我们大脑做出选择的能力：更高的任务难度、更复杂的选项组合，以及更高的不确定性（惊不惊喜，意不意外？）。[2] 生活在信息 7×24 小时可用的时代，庞大的信息量带来更大的复杂性。用浏览器进行一次搜索，就会出现海量的相关文章，这种感觉就像是去海滩上踩水，一抬头却看到汹涌的大潮直奔你来。你永远跟不上新闻的更新（因为现在可以随时了解世界上任何地方发生的事情），甚至跟不上你社交媒体朋友圈的更新。这种感觉就像是口渴时拿起一杯水，觉得需要把它全部喝光，却没有意识到这水杯就是个无底洞。

让人不堪重负的，不只是过剩的信息量级，还有这些信息的性质：互相矛盾的（可能还有故意误导人的）信息，自然带来了更高的不确定性。我们的大脑是多么讨厌互相矛盾的故事，这一点恐怕不需要我来告诉你。那么何以如此呢？因为这些都是不确定性的典型表现（本书第4章会对这方面的进化起源做更多的介绍）。不幸的是，在未来，复杂性和不确定性只会越发严重，因为操控信息的技术正变得越来越复杂（如深度伪造⊖技术）。

信息不确定的状态，常常伴随着一股厘清是非的冲动（这再度增加了涉及的信息量）。信息越是不确定，你的前额叶皮质就越是加速运转，抓住一切能抓住的材料，试图迅速吐出所有"万一"的情形，供你斟酌。当然，这已经不算是计划了，但你的大脑也没有更好的办法。前额叶皮质纳入的信息越不准确，它输出的情形也越不准确。随着你想象的情形变得越来越可怕（这往往发生在前额叶皮质开始"离线"时，而讽刺的是，这"离线"恰恰是由焦虑的升温造成的），你的"战斗-逃跑-僵住"的生理机能被触发，甚至只要想到那些可能的（但其实可能性很低）情况，就足以让你觉得身处危险之中，哪怕这种危险只存在于你的头脑中。看看谁来了！焦虑来了。

⊖ 深度伪造（deep fakes）指一种模拟、伪造图像、声音和视频的人工智能技术。——译者注

回到前面的例子：你的孩子们要去上学或者造访朋友家，他们开始了一场要穿过三条街的冒险旅程。在手机诞生前的"上古"时代，我们的爸妈别无他法，他们把我们送出门后，就只能等着我们回家了（最多是让我们从朋友家打电话，给他们一个安全抵达的准信儿）。现在的父母在送孩子出门前，可以给孩子装备各种各样的跟踪设备，这样他们就可以随时知道孩子在哪里。由于每一步他们都可以追踪到，于是沿途的一切都可以成为担心的理由。（"她停下了。她为什么停下？是在跟陌生人说话还是系鞋带？"）每碰到一点点的不确定信息，大脑就会把每一种能想到的"万一"情形都构想一遍。这就是计划脑的努力——思考所有的偶发事件，以便提供帮助。对于孩子的安全，这有没有实质的帮助？很可能没有。特别是在权衡它所导致的焦虑后，就更不值得了。

是的，焦虑是一种进化的附加物。基于恐惧的学习过程加上不确定性，你那好心的前额叶皮质不会坐在旁边干等（例如等待更多的信息）。相反，它会遣出当下能及的一切，用担忧之鞭将其抽打成形，再启动肾上腺素的烤箱，烤出一个你并未下单的面包：一个又大又热的焦虑面包。在制作面包的过程中，你的大脑储存了一点儿生面团（就像酸酵头）以备后用。下次你再计划什么事情时，大脑就会从你的精神储藏室里，请出焦虑的酸酵头（"居家必备，不加没味！"），把它加到复杂的局势里。当焦虑发酵到一定程度时，它的酸味会盖过理性和耐心，也污染了收集更多信息的过程。

如何避免焦虑升级成恐慌

跟新冠病毒一样，焦虑也有传染性。在心理学里，情绪人传人的过程有一个恰切的名字,叫作社会感染⊖(social contagion)。与焦虑的人交谈,可能会暗示或触发我们自己的焦虑。他们的话语就像喷嚏,喷射出恐惧的飞沫,在我们的大脑上直接着陆,从情绪层面感染我们的前额叶皮质,使其失控。我们开始担心一切,从家庭成员是否会患病,到自己的工作将受到的影响。华尔街就是一个社会感染的绝佳例子。我们看着股票市场飙升和崩溃,而股票指数正是一个表征我们当下的集体焦虑热度的指标。在华尔街,甚至有一种叫作波动率指数的东西,也被称为恐惧指数。我打赌,你不会惊讶于它在2020年3月创下十年来的新高,因为股票交易员们开始意识到,世界正在以前所未有的速度变化。

当我们无法控制焦虑时,这种情绪上的发烧就会激化,转为恐慌(按照在线词典的定义,恐慌就是"突发而无法控制的恐惧或焦虑,往往导致不假思索的疯狂行为")。被不确定性和对未来的恐惧淹没后,我们的前额叶皮质——大脑进行理性思考的部分——就会"离线"。从逻辑上讲,我们明知不需要在地下室储存6个月所需的卫生纸;可在杂货店里飞奔抢购时,看到别人的购物车里堆满了查米牌卫生纸,我们就会被别人的焦虑感染,进入生存模式:"必须买更多卫生纸!"直到我们在停车场绞尽脑汁地想:"这么多卫生纸要怎么装到车里或者要怎么搬到地铁上?",前额叶皮质才会重新"上线"。

那么,在充满不确定性的时代,我们如何才能保持前额叶皮质"在线"?如何才能避免恐慌?在门诊,我一次又一次地看到

⊖ 指焦虑情绪可以通过社会关系和社交场景在人与人之间蔓延。——译者注

焦虑患者试图压制焦虑，或者试图通过思考摆脱焦虑。压制需要意志力，思考需要理性。不幸的是，意志力和理性都依赖前额叶皮质，而后者在此危急时刻却已"关机"，无法使用。我教给他们一些别的东西：首先，让他们了解大脑是如何运作的，从而理解不确定性是怎样削弱大脑处理压力的能力，在恐惧来临时引发焦虑的。理解了不确定性会引发焦虑，而焦虑又会导致恐慌后，他们就能保持警觉。仅仅是知道焦虑的原因是他们的生存脑被切换到了高速挡位（尽管是因为信息不够而有点被误导），已经能让我的患者们更安心一点儿。

不过这只是第一步。我们的大脑总是在操心着各种"万一"。登社交媒体、刷最新信息的时候，我们看到的也只是更多的猜测和恐惧。社会感染可不怕物理隔离，能在世界上任何地方传播。我们需要的不是苦苦搜索信息，而是一些帮我们应对情绪的新东西，一些更可靠的东西。有趣的是，消除恐慌的解药，同样依赖于我们的生存本能——这些原本导致了担忧和焦虑的学习机制，同样可以用来应对担忧和焦虑。

为了玩转大脑，打破焦虑的循环，我们必须对两样东西有所觉察：一个是在焦虑或恐慌时觉察到自己的状态，另一个是觉察到焦虑或恐慌的结果是什么。这可以帮我们看清，特定行为是真的在帮助我们生存，还是在起反作用。恐慌会导致危险的冲动行为；焦虑会让我们的精神和身体变得虚弱，还会造成长期的健康后果。对这些破坏性影响有所觉察，可以帮助大脑的学习系统为不同的行为确定相对价值：越是价值高的（有奖赏性的）行为，在大脑中的奖赏等级就越高，并因此更有可能在未来重复出现；越是价值低的（缺乏奖赏性的）行为，在大脑中的奖赏等级则越低（本书第 10 章会做更多介绍）。

一旦觉察到焦虑的奖赏性有多低，我们就可以引入"上上之选"（bigger, better offer）（在第 15 章里会有更多介绍）。大脑会选择更有奖赏性的行为，只因为它们令人感觉更好，因此，我们可以练习用那些天然更有奖赏性的行为，来替代旧有的习惯行为，包括担忧这样的旧习惯。

举个例子，早在新冠疫情初期，公共卫生官员就警告我们别再触摸脸部了，因为如果摸了门把手或被污染的表面，然后再摸脸，就更容易感染病毒。如果你发现自己有摸脸的习惯（我们很多人都有这个习惯，一项在 2015 年发表的研究发现，平均下来，我们每小时会触碰脸部 26 次[3]），你可以留意自己哪些时候会这样做。一旦留意到这个行为，你可以再退后一步观察，留意你是否开始了一种心理行为——担心（"哦，不，我又摸脸了，我没准儿会生病"）。除了惊慌失措外，你还可以有另一种做法——深呼吸一次，然后问问自己："我上次洗手是什么时候？"只要暂停片刻，并对自己问出这样一个问题，你就给了前额叶皮质一个重新"上线"的机会，让它做它最擅长的事情——思考（"哦，对！我刚洗过手的"）。在这里，你可以动用确定性的力量：如果你刚洗过手，也没去过公共场所，那么染病的概率就非常低了。

自我觉察还可以帮你通过强化学习来培养良好的卫生习惯：有了洗手的习惯后，你会感觉更好。即使是在不小心或习惯性地摸脸（或抓痒）之后，你也可以更放心一点儿。同时，假如你在规律洗手方面做得不好，觉察和不确定性会一起刺激你更加频繁地洗手，或者至少在刚结束线下社交时洗一下手。那种自然的不适感会促使你行动。你越是能清楚地看到良好的卫生习惯带来的积极感受和效果,并将它们跟不确定性或焦虑相关的消极感受相比较,你的大脑就越是自然而然地倾向于前者,因为这样做会让你感觉更棒。

理解了这些简单的学习机制,会帮助你"保持冷静,继续前进"⊖(第二次世界大战期间伦敦人在面临不断的空袭时,以这句口号来应对不确定性),而非在不确定性面前陷入焦虑或恐慌。当今日份的忧虑来临,头脑又开始狂转不止时,你可以暂停,做个深呼吸,等待前额叶皮质重新"上线"。一旦它再次启动和运行,你就可以把焦虑的感受,跟冷静和清晰思考的感受做比较,看哪一个更好。对我们的大脑来说,这简直不费吹灰之力。更重要的是,一旦你能发掘出这种用大脑克服焦虑的力量,就可以扩大这种学习机制的工作范围,对其他的习惯性倾向也如法炮制。这只需要一点点练习,让"上上之选"成为新的习惯——不仅为了应对焦虑,还有更广泛的应用。

焦虑诞生于恐惧,而其生长和发展还需要一些滋养。为了帮你更清晰地看到是什么滋长了焦虑,你需要先知道习惯是怎样养成的,从而明白你的大脑是如何工作的。

⊖ 原文"Keep calm and carry on",是第二次世界大战时期英国政府发布的动员口号。——译者注

第 3 章

习惯和日常生活中的成瘾

日常生活中无处不在的成瘾

实在不想告诉你——你已经对某样东西成瘾了。

当你读到"成瘾"这个词的时候,首先想到的也许是酒精、毒品,或者非法药物。你也可能觉得,成瘾是发生在别人身上的事情。当你的大脑迅速把你的情况跟别人进行比较时,某位确实陷入过(或者现在仍未挣脱)成瘾的朋友、家人或同事,会浮现在你的脑海中。事实上,我毫不惊讶你会大声宣布:"不可能,我可不是瘾君子!我不过有些讨厌的习惯,总是改不掉而已。"

我能猜到你的第一反应会是这样,是因为我自己在很长一段时间里也是这样想的。我是个正常人,在印第安纳州的中心地区正常地长大。我从小就被我妈管着,多吃蔬菜,好好念书,远离毒品。她老人家的教导，我显然是牢记在心的（可能有点太听话了？），我现在四十多岁了，仍然保持着素食的习惯，学位拿到手软（医学博士加哲学博士）。男孩子能让老妈骄傲的一切，我都做到了。唯独在成瘾问题上，我曾经一无所知。

事实上，直到我在耶鲁大学接受精神病学的住院医师训练时，我才真正了解成瘾。我见到了各种各样的成瘾患者：吸毒成瘾者、酒精成瘾者、烟瘾者……许多患者同时对多种物质上瘾，而且有很多人曾反复进出康复中心。多数情况下，他们也都是普通人，智力良好，也很清楚毒瘾给他们的健康、人际关系和其身边的人（也就是他们的全部生活）造成的代价，可他们就是无法重新掌控生活。这往往既让人费解，也让人难过。

看到我的患者们所经历的一切，原本枯燥的成瘾定义，在我眼中变得生动起来："不顾不良后果继续使用。"成瘾并不限于尼古丁、酒精等化学物质的使用。"不顾不良后果而继续使用"，远远超过了可卡因、香烟或者我之前避开的所有坏东西。这一定义可能意味着继续使用任何东西。

这个想法让我眼前一亮。我在治疗那些吸食违禁品而毁掉生活的患者时，脑中也有一些疑问使我不得安宁："假如成瘾的根源不在于物质本身，而是藏在更深的地方呢？真正导致成瘾的究竟是什么？"焦虑会不会也是一种习惯，甚至是一种成瘾？换句话说，焦虑的不良后果有多明显？我们会对担心上瘾吗？从表面看来，焦虑似乎有助于我们完成一些事情，担忧似乎有助于我们保护孩子免受伤害，但这些真的有科学支持吗？

在心理学研究者当中流传着一个笑话：我们开展的研究

（research），其实是"自我探索"（me-search）。我们细究自己的怪癖、毛病和病理（有意识或无意识的），以此为切入点，进入更大主题的探索。于是我向内观察，同时也开始了解朋友们和同事们的习惯。结论长话短说：我发现成瘾无处不在。下面这些，就是成瘾的表现：不顾不良后果而继续购物，不顾不良后果而继续相思和为伊憔悴，不顾不良后果而继续玩电脑游戏，不顾不良后果而继续吃东西，不顾不良后果而继续做白日梦，不顾不良后果而继续刷社交媒体，不顾不良后果而继续担忧（是的，你之后会看到，担忧确实会有重大不良后果）。成瘾并不局限于所谓的烈性毒品和致瘾物质，它无处不在。这种情况是近些年才出现的吗？还是早已有之，只是之前我们没有注意？

答案是，既是老情况，又是新情况。我们先从新情况说起。

我们的世界在过去二十年里的变化速度，远远超过之前两百年，然而我们的大脑和身体还没跟上这种变化，这一点正在对我们造成致命的影响。

就拿我长大的地方来举例吧。我的家乡是印第安纳州的印第安纳波利斯，处于美国中西部的中心。在19世纪，如果我住在草原上的农场里，并渴望获得一双新鞋，那就得把马套到马车上，赶车进城，跟杂货店的人聊我想要的鞋（以及什么尺寸）。回家以后，我还得等上好几个星期，因为订单发给鞋匠，鞋子做出来，都需要时间。之后，我得再一次把马套上马车，回到城里，（要是我有足够的钱的话）买下这双让我费神的鞋子。现在呢？我可以开着自己的汽车一路飞驰，如果遇上堵车，便在沮丧中点开电子邮件里的卖鞋广告（是的，它是针对我的需求精准投放的，因为互联网知道我要买鞋），然后就像魔法一般，只需一两天

（因为我有亚马逊会员特权），一双完美合脚的新鞋就飞到了我家门口。

即使你不是成瘾方面的心理专家，也能看出，跟两个月的折腾相比，还是两分钟、点两下就搞定的方式更能驱使你继续买鞋。

在便利和效率的旗号下，现代世界正在创造越来越多的成瘾体验。无论是对物品（如鞋子、食物等），还是行为（如看电视、刷社交媒体或玩电子游戏），都不例外。甚至也包括我们头脑里的想法，包括政治、恋爱以及了解新闻动态的需求：约会类应用程序和新闻在推送里刻意制造"勾人心痒"的内容，"标题党"⊖也大行其道。现代媒体集团和新媒体公司跟历史悠久的新闻机构不一样，它们不再是每天送一份报纸到你家，让你自己决定读什么，而是替你决定在什么时间推送给你什么信息。它们可以跟踪你的每次搜索和点击，并从中知道哪些文章具有黏性，能够吸引你点开，以解心头之痒。基于这些反馈，它们可以写出更多点击率高、黏性强的文章，而非只是传递新闻。你可以留意，跟十年之前相比，今天的标题更多以问句或不完整答案的方式来呈现。

另外，由于几乎一切都可以通过电视、笔记本电脑和智能手机快速获得，商业公司可以在我们的每一个脆弱时刻（无聊、沮丧、愤怒、孤独、饥饿）乘虚而入，提供一剂简单的情绪解药（买这双鞋吧，吃这种食物吧，看这串新闻吧）。这些成瘾行为被不断实体化和固化，成为习惯，以至于感觉上不像成瘾，而更像

⊖ 中文网络用语。指用网络推送的内容，以耸人听闻并可能与正文不符的标题博取点击和关注。——译者注

是我们本来就如此。

我们是怎样走到这一步的呢?

要回答这个问题,就要回到比《草原上的小木屋》[1]更为久远的年代,回到我们的大脑进化出学习能力的时候。

习惯的形成源于大脑中的奖赏机制

请记住,我们的大脑有原始脑和进化脑两部分。进化脑大大促进了我们的思考、创造和决策等能力,不过,进化脑这层结构是在原始脑的基础上形成的,而原始脑是帮助我们生存的脑区。我在第2章里,曾用"战斗-逃跑-僵住"的本能来举例说明过这一点。之前我还简要提到过原始脑的另一个特征,即"基于奖赏的学习系统"。基于奖赏的学习,就是基于正强化和负强化的学习。简单来说,你想多做让你好受的事情(正强化),少做让你难受的事情(负强化)。这种能力极其重要,它的出现可以追溯到进化史的早期,科学家们甚至在海蛞蝓身上都发现了它 [这可是个重要的发现,埃里克·坎德尔(Eric Kandel)因此获得了诺贝尔奖]。前文已经提到,海蛞蝓这种生物的整个神经系统也只有两万个神经元。想象一下:只有两万个神经元的生物,就像一辆被拆卸了所有非必要的部件的汽车,只留下行驶(以及停车)所需的基本要素。

在穴居原始人的年代,基于奖赏的学习是非常有帮助的。由于食物很难获取,我们毛茸茸的祖先在遇到食物时,他们呆板的小脑袋可能就会咕哝:"获取能量……活着!"穴居人品尝了食

---

[1] 于美国20世纪30年代出版的知名儿童读物。——译者注

物——真香！赶紧吃！于是他们活了下来。当穴居人获得糖或脂肪时，他的大脑不但把营养物质跟生存联系起来，还释放了一种叫作多巴胺的化学物质，这种神经递质对于学习将地点与行为进行配对至关重要。多巴胺的作用就像一块原始的白板，上面写着"记住你正在吃什么，以及是从哪儿找到的"。穴居人形成了依赖于环境背景的记忆，并且随着时间的推移而学会了重复这个过程。看到食物，吃下食物，存活，并且感觉不错。重复。触发物（或称提示），行为，奖赏。

让我们快进到昨天晚上。你心情不佳（一整天工作不顺，你的伴侣说了些伤人的话，或者你想起了你父亲离开你母亲去找别人的时刻），于是你想起了冰箱门内架上的瑞士莲卓越特级牛奶巧克力棒。在这个时代，觅食并不像穴居人时期那样困难，所以食物有了一个不同的角色，至少在（过度）发达国家是这样的。我们的现代大脑说："嘿，多巴胺这个东西，不仅能帮你记忆食物在哪里，事实上，下次你心情不好的时候，也可以试试吃点儿好吃的，你就会感觉好多了！"我们感谢大脑提供了这个好主意，并且很快就学会了：在生气或难过时，吃巧克力或冰淇淋会让我们好受一些。这个学习过程跟穴居人所经历的完全相同，只是触发物变了：现在，不再是来自胃部的饥饿信号，而是情绪信号（感到悲伤、生气、受伤或孤独），触发了我们进食的冲动。

回想一下你十几岁的时候。还记得学校外面那些抽烟的叛逆小孩吗？你真的想跟他们一样"酷"，于是你也开始抽烟。抽万宝路[⊖]的男人绝不是书呆子——人们会形成这样的印象并非偶然。

[⊖] 美国香烟品牌。——译者注

看到耍酷,自己也抽烟扮酷,感觉不错。重复。触发物,行为,奖赏。每一次执行这一行为,都会强化这一条大脑回路。

在你不知不觉之间——因为这真的不是意识内的事情——你处理情绪或缓解压力的方式,就成了习惯。

重点来了,请放慢阅读速度:我们这些现代的天才们,大脑机制跟那个不知名的穴居人并无二致,然而,习惯的形成让穴居人学会如何生存,却让我们习得如何自我毁灭。在过去二十年里,情况还在剧烈恶化。肥胖和吸烟,在全世界可预防性的病因和死因中"名列前茅";焦虑类心理障碍在现代医学的围堵下,仍然顽强地高居主要精神疾病的榜首。

除此之外,人们上网时间中的大部分,都用于点这个点那个,赞这个赞那个,或者为了获赞而发这个发那个,只为多分泌一点儿多巴胺。这些习惯和状况,都是我们的原始脑造就的,而它不过是要帮助我们在新世界中存活。

不过,这样做的效果并不理想。

我不只是在谈论压力、暴食、购物、不健康的关系、上网时间过多,或者似乎所有人都有的无处不在的焦虑。如果你曾陷入过担忧的习惯回路,就会知道我的意思:

* 触发物:想法或情绪
* 行为:担忧
* 结果/奖赏:逃避、过度计划,等等

受到一种想法或一种情绪的触发,你的大脑开始担忧,其结果是避开了这一消极的想法或情绪——相比原先的想法或情绪,这个结果让人感觉更有奖赏性。

让我们来复盘一下：

我们的大脑进化的方向是帮助我们生存。在我们还是饥饿的穴居人时，就会通过基于奖赏的学习，记住能找到食物的地点。现在，这一学习机制可以被利用来触发渴求、唤起情绪……并制造出习惯、强迫行为和成瘾。

商业公司早已深谙此道。

食品行业花费数以十亿美元计的成本，找到盐分、糖分和脆性"恰到好处"的配方，让食物令人无法抗拒；社交媒体公司花费数千小时来调整算法，确保你被完美的照片、视频和帖子所触发，一屏接一屏地滑上好几个小时（同时收看它们合作伙伴的广告）；新闻媒体优化新闻标题，确保其诱人点击；线上零售商在网站设计中埋下"钩子"，如"您的同好也购买了……"之类，让你刷了又刷，停不下来，直到购买。这类现象无处不在，而且只会愈演愈烈。

使人们形成习惯与成瘾的两个危险配方

比你意识到的还要糟糕的是，在现代社会中，还有一些额外的"成瘾放大器"在发挥作用。

首先，最能"致渴"（也就是说，有意制造出你的渴求）的强化学习类型，被称为间歇性强化（intermittent reinforcement）。当动物得到常规安排之外的或看起来随机的（间歇性的）奖赏时，脑中的多巴胺神经元会比平时更加兴奋。想想有人带给你出乎意料的礼物，或者给你准备了惊喜派对的时候。我打赌你会记得，是不是？这是因为，跟预期之内的奖赏相比，预期之外的奖赏在你脑中发射多巴胺的速度要高得多。

事实表明，间歇性强化这一套，可以延伸到任何提醒你有新情况出现的东西。记住，这是我们的原始脑在使用它仅有的招数，在今天这个快节奏和超级互联的世界中努力生存。然而，大脑的这一部分并不知道剑齿虎和你老板深夜发来的电子邮件有何区别。所以，任何类型的提醒——从"美国在线"网站那古老的"你有邮件"提示，到你在社交媒体发帖后，从口袋里响起的新近获赞的"嗡嗡"声——都会在你的原始脑中触发响应。你的电子邮件、Twitter（更名为X）、Facebook、Instagram、Snapchat、WhatsApp，还有你在住房平台上搜索筛选的拥有三居室、两个半卫生间①和花岗岩厨房台面的公寓——任何声称能帮你保持联系的东西，都是为成瘾最大化而设计的，部分原因就在于这些铃声、嗡嗡声、Twitter 提示音或邮件提示音的出现并不规律。

在现代世界，日常成瘾的第二个放大器是即时可用性。在19世纪，光是买双鞋就让人筋疲力尽，不过那其实是好事。要是我想买双新鞋来庆祝南北战争结束，我可不会冲动性下单，期待鞋子次日就出现在我的谷仓。而且，正由于这个过程的艰巨、耗时和缓慢，以及关键的一点——不够即时，我也就不得不认真考虑成本和收益。我的旧鞋是真的没法再穿了，还是能再撑一阵子？

---

① 两个半卫生间，通常指两个"全卫生间"加一个"半卫生间"。其中"全卫生间"包含洗手池、马桶、淋浴和浴缸共四项；"半卫生间"则只包含其中两项，通常是洗手池和马桶。——译者注

要让兴奋的洪流从我们身上冲刷而过（哇，新鞋，好棒！），并且（更重要的是）退散，关键的是时间。时间让我们得以适时清醒一下，于是此时此刻的甜美多汁才能淡化，让位于现实的需要。

然而，在现代世界中，你几乎可以立刻照顾到任何一种需要或渴望。太累了？没问题，小蛋糕伸手可及。无聊了？看看社交软件上的最新内容。焦虑了？上视频软件看看可爱小狗的视频。"需要"一双新鞋（比如看到别人穿了一双可爱的鞋，你感觉自己也必须拥有）？快来在线商城！

真不想告诉你……你的智能手机不过是你衣袋里的广告牌，而且买这个不停给你放广告的东西还得你自己掏钱。

我们的原始脑中内置的基于奖赏的学习机制，结合间歇性强化和即时可用性，就是制造现代的习惯和成瘾的危险配方，而这些习惯和成瘾远远超越了我们通常认为的"物质滥用"范畴。

我说这些不是为了吓唬你，而只是想让你了解你的头脑是怎样运作的，以及现代世界有多少东西是为了制造成瘾行为并从中牟利。为了更有效地面对你的头脑，就必须先了解它是怎样运作的。一旦你理解了头脑的运作机制，你就能学习面对它。就是这么简单。现在，你已经知道你的头脑是怎样形成习惯的了。有了这种理解，就可以进行下一步：描绘头脑的运作过程。

接下来是第一个反思练习，准备好了吗？

焦虑比多数习惯要棘手一些。要管理焦虑，你需要一种颠覆性的方法，所以我们先从简单的开始。在我的习惯和日常成瘾行为中，排名前三的是哪些？即使有不良后果，我仍然有的坏习惯和我不想要的行为有哪些？

第 4 章

焦虑也是一种习惯回路

我在讲课或者接受采访时发现一个现象:很少有人知道焦虑也可以是一种习惯回路。

为了理解背后的原因,让我们再来看一看原始脑。

想象一下,我们的远古祖先在非洲大草原上是怎样生活的。作为穴居人,他们的脑子只专注于两件事,一是找到能吃的食物,二是当心自己成为食物。在农耕文化出现之前,祖先们不得不去探索未知的领地,寻找新的食物来源。在他们离开熟悉的地盘,进入未知的区域时,大脑就开始高度警惕。为什么要警惕?因为他们不知道新地点是不是安全。他们忐忑不安,小心翼翼,直到能摸清新领地的地形,并确定那里是安全的。在新领地中探索时,他们越是深入其中且未发现危险的迹象,就越能够确认那里的安全性。

祖先们并不知道，他们在做的正是被现代人称为"科学实验"的事情。表明新领地安全的"数据"收集得越多，他们就越能放心地关闭脑中的高度警戒信号，放下警惕，在那片空间里放松下来。在今天的世界里，科学家们也是一遍遍地重复实验，收到相同结果的次数越多，我们就越是有信心认为实验有效，结论可靠。在这方面，甚至有一个专门的统计学术语，叫作"置信区间"。置信区间表达的是，（从统计学的角度来看）我们对于实验不断重复而结果依旧稳定有着多大的信心。

从穴居人到科学家，我们的大脑从来就不喜欢不确定性。它令人害怕。不确定性让我们难以预测将会发生什么。无论是"我会被狮子吃掉吗"，还是"我的研究理论能站得住脚吗"，在大脑中对应的反应区域大体是一样的，并且都会引发一种特定的感觉：行动的紧迫感。不确定性带来的感觉也有程度之分，这取决于威胁有多大。有时只是心里的一点儿瘙痒感，好像在对我们说："嘿，我需要些信息，去搞一点儿过来。"假如潜在危险很大，或者威胁迫在眉睫，这种瘙痒就会变得非常强烈，敦促我们立刻行动。那种芒刺在背的感觉驱使我们的生存脑去弄清楚，刚刚把我们从梦中惊醒的奇怪声音是什么，才好确定是不是有东西要来把我们吃掉。

请记住，焦虑的定义是"一种担忧、紧张或者不安的感觉，通常跟即将发生的事件或者结果不确定的事情有关"。当不确定性强烈时，我们就会感到焦虑，心里的瘙痒感开始催促我们"做点什么"，让我们很想挠一挠。压力或焦虑成了触发物，促使我们的穴居人大脑在夜里走出洞穴，想弄明白该做什么（也就是说，实施一项特定的行为）。假如大脑碰巧想出了一些像是解决方案的东西（例如，我没看到任何危险的东西），我们就获得了奖赏，即焦虑感的减少。

- 触发物：压力或焦虑
- 行为：去找解决方案
- 结果：找到解决方案（有些时候）

这就像玩游戏——只要能赢的次数达到一定程度，我们就会不停地回来玩。

担忧与焦虑的循环怪圈

很多研究都表明，焦虑自成一个负强化习惯回路，从而得以延续。过去几十年里，宾夕法尼亚州立大学的研究人员T. D. 博尔科韦茨（T.D.Borkovec）写了多篇科学论文表明焦虑可以触发担忧。早在1983年，博尔科韦茨和同事就把担忧描述为"一连串的想法和图像，充斥着负面情绪，并且相对不可控"，这代表担忧者正尝试从心理层面解决一个结果不确定的问题。当担忧由一种消极情绪（如恐惧）触发时，由于通过它可以回避这种情绪带来的不愉悦感，因此担忧也可能被强化。

- 触发物：消极情绪（或想法）
- 行为：担忧
- 结果：回避或转移注意力

在词典中，"担忧"既是名词（"我没有担忧"），又是动词（如，"我担忧我的孩子们"）。从功能上讲，担忧是一种心理层面的行为，会带来焦虑感（紧张或不安）。在此基础上，焦虑感又会引发担忧行为，由此形成循环。

- 触发物：焦虑
- 行为：担忧
- 结果：感受到更多的焦虑

担忧这种心理行为，只要来上几次，我们的大脑就会养成习惯，每次焦虑时都要尝试用担忧来解决问题。但我们有几次真的能想出解决问题的办法？担忧本身又在多大程度上能真的帮我们创造性地思考或者解决问题呢？担忧只是激活了恐慌，让我们四处奔忙，想尽一切办法去驱赶焦虑而已。

拿出智能手机，看看新闻推送或者回几封邮件，可能会短暂地缓解一些焦虑，但这也会创造出一个新的习惯——当你面临压力或焦虑时，就去转移一下注意力。当转移注意力也没用时，你就不得不再去想别的办法，这可能会导致更多的担忧，而这种担忧的思维又成了它自身的触发物，自我复制下去。这不像是什么奖赏，不是吗？关键是，即使担忧没法解决问题，我们的原始脑还是会继续担忧。请记住，大脑的任务是帮我们存活下去，只是因为某些时候，它把解决问题和担忧混为一谈了，所以它才认为担忧是最好的办法。

"解决问题"的问题

所以你看到了，担忧可以成为一种心理行为，其结果是让你的注意力从感觉更糟糕的焦虑那里移走，或者让你有一些控制感，因为你毕竟（理论上）在解决问题。即使你并没有解决掉任何问题——而失控地卷入更多的担忧——那种"正在做些什么"

的感觉本身也是有奖赏性的。毕竟，担忧也算是在采取行动了，即使你没有把它当成一种行为来观察，它也还是在发生。心理行为仍然算行为，也会带来看得见的结果。

启动担忧循环的习惯回路：不愉悦情绪触发担忧（一种心理行为），以转移注意力或者重获控制感（见图4-1a）。当转移注意力的"奖赏"减弱、消退，或者未能盖过不愉悦情绪和担忧混合在一起的负面品质时，担忧就开始触发更多的焦虑（作为一种不愉悦的情绪），而这又触发了更多的担忧，如此循环不止（见图4-1b）。

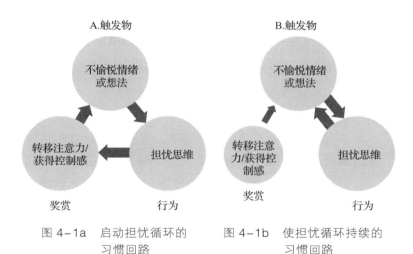

图4-1a 启动担忧循环的习惯回路

图4-1b 使担忧循环持续的习惯回路

不过，担忧还是有两个主要的缺点。首先，如果头脑通过担忧没能想出解决办法，那么担忧就会引发焦虑，而焦虑又会引发更多的担忧，如此循环。其次，假如担忧仅仅是由焦虑引发的，那也许并没有什么具体的事值得担忧。我的患者经常描述说，他们早上醒来，也没碰到什么挑动心神的东西，当天或者之后也没有什么具体事件需要担忧,可还是很焦虑。我们的焦虑干预项目的一位成员说:"我特别困扰于清晨时分的强烈焦虑,它让我猛然惊醒。"这种焦虑的感受让他们的担忧开始飙升,因为他们努力想找出究竟该担忧什么。当他们找不出任何具体的东西时,就开始习惯性地进入"杞人忧天"状态,无论是否值得担忧。

这就是广泛性焦虑障碍的基础,按照《精神障碍诊断与统计手册》(精神病学家诊断精神类"障碍"的宝典)里的症状描述,它包括了"对多种主题、事件或者活动,产生过度的焦虑和担忧"——我喜欢这里的主观性描述——"而且是明显过度"。这部手册里的标准还特别强调"担忧到了一种相当难以控制的程度",也许这是很明显的事,不然人们也不会来看精神病专家了。

担忧有着像杰基尔博士与海德先生○一样的双面特质。它承诺解决你的问题,所以一开始显得不错,很有帮助。担忧似乎在努力解决你手头的任何问题,尽职尽责地帮助你生存。但别被愚弄了,因为它骨子里坏透了,如果解决方案没有出现,担忧很快就会跟你翻脸。就像跌入湍急河流的人一样,担忧会向岸上的你呼救,它会疯狂地抓住你的手脚,让你失去平衡,卷入激流,或者陷入无止境的焦虑旋涡之中,你不知道如何解脱。

虽然担忧和焦虑似乎在努力不让你淹死,可实际做法却等于把你的头按到水里。如果你还没有意识到这一点,这种"焦虑触发担忧,担忧又触发焦虑"的习惯回路就很难打破。如果你有担

○ 杰基尔博士与海德先生均为罗伯特·史蒂文森小说《化身博士》中的人物。杰基尔博士在研究中调配出一种药剂。由于实验失控,药剂让杰基尔博士变得异常,产生了一个被称为海德先生的邪恶人格。"杰基尔博士与海德先生"已成为代指"双重特质"的习语。——译者注

忧的倾向,也许可以描绘出这些习惯回路的示意图,看看在你自己的生活中,它们是怎样发生的。

不过,图示习惯回路,只是应对焦虑的第一步。作为精神病学家,我希望通过研究和循证的干预措施,明确帮助人们克服焦虑的最佳方法是什么;作为研究人员,我也有动力去弄清这一点是如何做到的,以便向精神病学家们(包括我自己在内)提供循证的治疗方案。

职业倦怠文化的流行病

作为广大医疗服务提供者的一部分,医生也易感一种叫"职业倦怠"的流行病。面对着日趋增加的压力,医生们在无力地"倒下"。美国医生面临的压力多与自主权的减少有关:私人诊所被吞并,或者与其他机构合并,转由公司(和你躲不过的中层管理人员)来经营;电子医疗记录的兴起迫使我们在看诊时花更多的时间盯着电脑屏幕,而不是跟患者面对面。

在医学院里,我们学会了在压力和焦虑抬头时"披盔戴甲",以便击退它们,免得压力和焦虑妨碍我们救助那些"真正"受苦的人。我们殉道般的生活方式,用一位教过我的外科教授的话来说就是"能吃赶紧吃,能睡赶紧睡,别跟胰腺过不去"。这基本上意味着,我们自己的基本需求在患者护理面前处于次要地位(而且就算胰腺真有毛病了,也很难做手术)。回顾我的医学受训经历时,我意识到,这不是一种特别可持续(或者特别健康)的情绪应对方式。

关于医生的焦虑与职业倦怠之间的关联,目前还没有明确的研究报告，但人们通常认为二者有密切联系。医学院里缺乏关于情绪应对的良好培训，加上临床环境中自主权的减少，以及为了"相对价值单位"（我的门诊真的在使用这样一个术语来评估我的价值）达标而接诊更多患者带来的压力，这些因素似乎让焦虑和倦怠如风暴般急剧增加。

于是，在医院资助下，我的实验室启动了一项简单的研究，探索是否能用正念训练来帮助医生觉察担忧的习惯回路，从而减少焦虑和倦怠。（第6章和第8章有关于正念的更多内容。）

由于基于奖赏的学习强化的行为处于具体情境中（别忘了，它的"设计初衷"是帮我们记住食物的来源地），我们没有试图在门诊或研究环境中向人们教授正念，而是用我们的正念训练手机应用"给焦虑松绑"（Unwinding Anxiety）来实施干预，以便他们能在日常生活中加以应用。这个手机应用用简短的每日视频（每天不到10分钟）和动画来提供即时性的正念训练，用户可以在他们感到焦虑的时候随时练习。整套训练包括30个核心模块，用户首先绘制他们的焦虑习惯回路，然后学习如何应对它们（你在本书靠后的章节里也会学到这些工具）。这种形式对忙碌的医生们来说特别重要，因为他们经常处于殉道者模式，除了帮助人们自救之外，很难再抽出时间干别的了。[对这项研究来说，我的研究助理亚历山德拉·罗伊（Alexandra Roy）堪称英雄，她收集和分析了所有数据。]

我们在研究中发现，在治疗开始前，60%的医生有中度到重度的焦虑；超过一半的医生报告说，每周有好几次感受到工作倦怠。我们还发现，焦虑和倦怠之间有着很强的相关性（相关系数为0.71。该系数为0时代表没有相关性，为1时代表完全相关）。在使用此手机应用3个月后，医生们报告的焦虑分数减少了57%[由经受临床检验的广泛性焦虑障碍量表（GAD-7）测量得出]。我们没有在训练中加入任何具体的针对倦怠的教育内容（而是完全聚焦于降低焦虑水平），但我们仍然发现倦怠感明显减少，特别是在容易受焦虑影响而维持的"愤世嫉俗"（指人们变得越来越不信任社会系统）相关指标上。

- 触发物：又收到邮件提醒我绩效落后
- 行为：思考这个系统是多么烂，而且只会更烂
- 结果：越发愤世嫉俗和倦怠

这并不是说，一个手机应用就能修正医疗系统的痼疾。我们的研究实际上区分出了导致倦怠的个人因素和机构因素。举个例子，我们发现愤世嫉俗指标降低了50%，但情绪耗竭指标却只降低了20%。这是有意义的，因为愤世嫉俗属于医生个人因素，而情绪耗竭则跟系统关系密切。假如我们被迫牺牲质量，以盈亏底线的名义屈服于美国医疗体系对数量的追逐，那么，学会绘制习惯回路图应该能对愤世嫉俗带来更多改善，而对情绪耗竭的改善则会相对少一些（这一点正好吻合我们的发现）。我希望医生和其他的医疗服务提供者能通过正念训练，学会将消耗于习惯性愤世嫉俗的部分精力，转化为洞察系统问题并推动改变的力量。

这项研究的数据鼓舞了我们。在美国国立卫生研究院（National Institutes of Health）的资助下，我的实验室开展了一项更大的随机对照试验（具体说来，我们对两组参与者进行了测量，他们在所有其他方面都保持一致，唯独接受的治疗方案不同）。我们从普通社区招募参与者，以便验证这个方法是否能

帮更广大的人群应对焦虑。在这项研究中（仍然是由亚历山德拉·罗伊领衔），我们把达到广泛性焦虑障碍诊断标准的参与者随机分成两组，一组继续接受他们现有的临床医疗方案（服用药物、心理治疗等），一组则在现有基础上增加了正念训练，通过手机应用来提供。

基于手机应用的正念训练显著降低了焦虑水平。与随机分配到照常治疗组的广泛性焦虑障碍患者相比，接受了"给焦虑松绑"干预的广泛性焦虑障碍患者在焦虑分数上降低更多（见图4-2）。

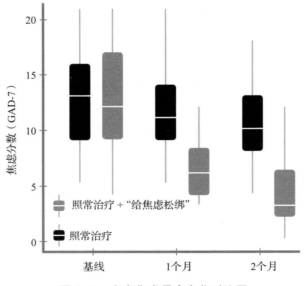

图4-2　患者焦虑程度变化对比图

在使用"给焦虑松绑"手机应用两个月后，广泛性焦虑障碍患者的焦虑程度下降了63%。我们进行了数学建模，以了解正念训练是如何起效的，发现正念带来了担忧的下降，担忧的下降带来了焦虑的减轻。我们已经证实，训练人们对担忧习惯回路的觉察和应对，可以带来有临床意义的成效，焦虑也可以从开始的中重度恢复到正常水平。

我们研究的参与者们很高兴看到自己的焦虑在下降，而且63%是一个很大的降幅。不过，63%的降幅在现实世界中意味着什么呢？医学界已经开发了简单的衡量标准，一个来检查一件事情是否有"临床显著意义"（即一种治疗方案的效果有多大）的"照妖镜"。当然，因为这是医学界，他们的"照妖镜"有一个缩写：NNT（Number Needed to Treat），即所需治疗数量。

举个例子，有一类针对焦虑的金标准药物（具体来说是抗抑郁药），其 NNT 是 5.15（这意味着你必须要让多于 5 个人服药，才能在其中 1 个人身上看到 1 份效果）。这有点儿像是买彩票：5 个人吃药，1 个人中奖（能看到症状明显减少）。

我们研究中的治疗方案 NNT 是 1.6。

作为临床医生，看到 NNT 如此之小的治疗方案让我非常兴奋。这意味着，同样的彩票数量，却有更多人中奖（例如，NNT 为 1.6 而非 5.15，就意味着要想中奖，你只需要买不到两次，而不需要买多于 5 次）。无论对于我这样的科学家，还是对于任何想了解正念训练是怎样直达要害地改变习惯的人来说，这都是非常令人满意的。我们从用户那里获得的反馈也同样令人高兴：

> 在我开始感到焦虑时，我把反馈回路的图像映入脑海。我开始回溯想法，看吧，我的一切思考都遵循一条清晰的路径，并以未来必将发生的某种最糟糕的情形

作为终点。仅仅是这种对反馈回路的识别，就让我跟想法之间有了一点儿距离；把想法看作一种思维习惯或一个故事，它们触发的担忧也减少了。

我开始认为，多年以来，我一直在欺骗自己，让自己相信焦虑是有用的，甚至会带来奖赏。一个关于工作的念头升起（触发物），我陷入担忧或转移注意力（行为），结果我得到了更多的焦虑（奖赏或结果）。在训练项目的头几天，我对这个回路还很困惑，我不知道焦虑怎么会让人觉得是奖赏。奖赏？它明明很可怕啊！但我觉得自己还是发现了一些东西：对我来说，焦虑的感受虽然可怕，但似乎是"正确"的感受，是面对未完成任务时的恰当反应。毕竟不适感也是一种驱动力，这不是挺合乎逻辑的嘛。

我理解了为什么我会通过吃东西来逃避、掩盖或者转移不舒服的感受，如愤怒、悲伤或者焦躁。谁愿意感受那些呢？触发物：不舒服的感受。行为：吃点儿东西，暂时削弱那种感受。奖赏或结果：仍然要面对不愉快的感受，还有吃糖引发的头痛！我清楚地看到自己是怎样陷进这个习惯回路的，试图用食物来逃避难受的感受，最终却根本没有奏效。

我们真正需要的是"给焦虑松绑"

现在，我们已经认识到了焦虑的机制（它与生俱来，通过重复进行繁衍，进而成为一种自行延续的习惯）。焦虑不会因此就神奇地消失不见，头脑理解只是第一步。有很多患者来到我的办公室,"懂了",可离开后仍然不知道该做什么。根据多年以来的观察,我发现,人们在控制焦虑的过程中实际需要的是"给焦虑松绑"的直接体验。也许你会觉得难以置信,把这一点解释得最清楚的三步过程模型与自行车很有关系,比与大脑的关系还密切。

我是骑着自行车长大的,这让我省去了很多麻烦。我的第一辆自行车是小轮车,它只有一个挡位;之后是一辆 10 速的公路自行车;最后是我的山地车,有全套 21 个挡位。在山地骑车时,你永远不知道后面是要爬陡峭的山坡,骑平坦的路段,还是要下坡,因此所有的挡位都要随手可用:上山时挂 1 挡,过了山头往下走时用第 21 挡。这也是为什么汽车也有挡位——这样才能在各种地形中前进。

挡位的比喻是我在开发完成帮助人们应对压力和暴食困扰的项目"食在当下"(Eat Right Now)后想到的。这个项目的所有参与者都可以免费参与我的每周视频直播,他们可以在直播中向我询问正念的练习和科研方面的问题。我要确保参与者准确地理解概念,恰当地练习和运用正念,在他们遇到困难时提供具体指导。除了线上方式之外,我也在正念中心(一开始是马萨诸塞大学医学院正念中心,现在则是布朗大学正念中心)带领类似的地面团体。大约一年后,我注意到人们在项目中取得进展存在一定趋势,他们似乎自然而然地遵循着一个可以拆分成三个简单步骤的顺序。当然,首先跃入我脑中的就是挡位,因为这是对参与者体验的完美比喻。我将用挡位的比喻来作为整本书的实操框架,供你在阅读时使用。

第一部分(一挡)会帮助你开始图示你自己的"焦虑习惯

回路"。

第二部分（二挡）会帮助你探索并利用你大脑的奖赏系统，系统地应对焦虑（及其他习惯）。

第三部分（三挡）会帮助你探索并利用你自己的神经系统的自然能力，远离与焦虑有关的习惯（如担忧、拖延、自我评判），拥抱新的习惯（如好奇和友善），这种改变有可能是永久的。

我发现一般来说，人们能够迅速掌握一挡（至少在概念层面），到二挡时往往就会碰到一些阻力。尽管如此，多数人还是比较快地培养出所需技能，切换到三挡，并在随后几年里享受打磨和精进三挡技能的过程。有些人则会花相当长的时间在一挡和二挡骑行或驾驶，直到准备充分后才会转入第三挡。无论你属于哪种类型，这些挡位都能推动你前进。接下来的章节将会提供你需要的概念讲解和实操练习，助你永久走出焦虑（和其他坏习惯）的怪圈。

Unwinding Anxiety

第一部分

一挡：图示你的头脑

> 没有人可以回到过去重新开始，但任何人都可以从现在开始创造全新的未来。
> ——玛利亚·鲁宾逊（Maria Robinson）

第 5 章

如何图示你的头脑

我的精神科门诊专攻焦虑和成瘾问题。下面是一位患者的故事。

约翰（化名），一名60多岁的男性，由他的保健医生转介过来处理酗酒问题。当时的情况很严峻，约翰一晚上能喝6到8杯酒，几乎天天如此。我问约翰，是什么触发了他的饮酒行为，他告诉我：作为自由职业者，他的坏习惯是在工作堆积如山时再集中处理。看着那些未完成的工作，他就感到焦虑。他用看电视或看电影来缓解焦虑，而非实际投入要做的工作。在一天结束时，他意识到自己没完成什么正事，这导致焦虑程度加重，雪上加霜，于是他用喝酒来麻醉自己。第二天早上，约翰带着宿醉醒来，感到更加内疚，并告诉自己今天一定不会再这样，但他的意志力只持续了一个小时左右，很快又重蹈覆辙，就这样日复一日，重复同样的模式。（我们会在下一章进一步讨论意志力失效的原因。）

我抽出一张白纸，跟他一起，图示他主要的饮酒习惯回路。

- 触发物：傍晚的焦虑
- 行为：开始饮酒
- 奖赏：麻木、忘却、感到陶醉

这个习惯回路，写到纸上是如此简单，但约翰却是当局者迷。我跟他解释说，这是大脑为了学习和生存而采用的基本设置，他不需要因为陷入这种挣扎而自责。很多挣扎在焦虑中的人都通过喝酒来缓解那些感受。我们有多少人是在高中的聚会上第一次喝酒，并很快发现喝酒让我们不再那么害羞尴尬，反而更加轻松自在？

打好基础之后，我和约翰就可以图示另一个相关的习惯回路——拖延习惯回路。

- 触发物：早上看到必须完成的工作量而产生的焦虑
- 行为：拖延
- 奖赏：回避了焦虑

对约翰来说，这些习惯回路的不良后果非常严重，这是为什么他的保健医生把他转介给我。他明显超重（他常喝的威士忌热量很高，所以他每天仅是喝酒就摄入了过多热量），还有肝脏受损的迹象。除此之外，他的生意每况愈下，因为工作进度已经远远落后（尽管事实上他真的很擅长也很喜欢这份工作）。

在和约翰见面并帮他图示习惯回路后的短短几分钟内，我就看到他的举止发生了巨大变化。他刚进我的办公室时，看起来就很焦虑，而且感觉自己永远也无法改变了。可当我们清晰地图示出他的习惯回路（焦虑触发了饮酒并以此麻醉自己）之后，他刷新了对现状的认知，再次有了活力和希望。

我的很多患者都已迷茫多年，对自己头脑的运作方式全然不知。第一次看见和理解自己的习惯回路，给他们带来了不可思议的欣慰感。他们就像置身于一个黑暗的房间，还没有四处摸索、跌跌撞撞，试图找到改变习惯的方法，却有人忽然打开了灯，照亮了他们头脑的"黑盒子"。

我让约翰回家，给了他一些简单的说明，让他图示自己跟焦虑有关的所有习惯回路。

几周后，约翰再次来到我的办公室。还没坐定，他就兴奋地向我介绍他对自己头脑的新发现。他不但能清晰地图示习惯回路，还意识到喝酒只会让焦虑和健康问题恶化：宿醉是导致他焦虑和每天难有动力完成工作的帮凶。于是，他断然戒了酒㊀。约翰意识到他的主要问题是焦虑，而喝酒并没有帮助。事实上，喝酒只会让情况变得更糟。

约翰还发现了另一个重要的习惯回路，跟他与妻子的互动方式有关。约翰是本土美国人，而他的妻子是华人。他们在不同的文化背景下长大，而这无意中触发了一些焦虑。总体来说，他

㊀ 我必须在此说明：如果你是重度饮酒者，并且萌生了像约翰那样完全戒断（cold turkey）的想法，请先咨询你的医生。假如我事先知道约翰的打算，我会建议他在我们的帮助下谨慎地进行（无论在家还是在戒瘾机构），因为突然停酒有可能导致戒断反应、癫痫发作甚至死亡。约翰能在家里成功戒瘾，而没有引发严重问题，实属幸运。

们的关系不错,但有时妻子会提高嗓门,这对妻子来说是符合文化背景的,但对约翰来说不是,所以让他感到焦虑。当他们闲聊时,妻子可能因为某些事情而激动,这时她语气的改变足以引发约翰的焦虑。

- 触发物:妻子以某种方式说话
- 行为:为可能出现冲突而担忧
- 结果:焦虑

这个发现让约翰非常兴奋,因为多年以来,这已经在他们的关系中造成了冲突。当妻子的语气变化时,约翰就会焦虑,他的反应就是对妻子大吼。妻子也会备感困惑,不知道他为何要大吼,并会反击,如此反复。

- 触发物:焦虑
- 行为:对着妻子大吼
- 结果:婚姻中的冲突

图示出这一系列的习惯回路之后,约翰高兴地告诉我们,现在他跟妻子的关系好多了。仅仅通过识别习惯回路,他就从中解脱了。但我们的工作还没完成。基于最近的领悟,约翰开始实践一组新的行为:每当妻子兴奋地提高嗓门时,他仅仅是提醒自己,过度反应只是一种习惯,然后深呼吸,再冷静地回应。焦虑的泡沫就这样破灭了。

约翰的例子很好地展示了什么是一挡,即向自己描述出那些让我们困在破坏性情绪中的习惯回路即可。通过图示,我们看到各种片段是怎样组合在一起,并相互驱动的。有时候,单纯意识到这些习惯模式，就能让我们从中摆脱，取得显著成效。另一些时候，我们则需要一点儿额外的抓手，才能在改变之路上继续前进。

有多少次，你挣扎着、努力着，想强迫自己克服旧的习惯回路，却没能奏效？假如你不知道问题究竟是如何运作的，又怎么能解决它？图示习惯回路是一个明显的切入点，我们将之定义为一挡。

一挡

一挡的全部内容就是识别我们的习惯回路，清晰地看到不同的组成部分：触发物、行为和奖赏。要说清楚的是，"奖赏"是一个脑科学术语，指行为的结果在某些时候是有奖赏性的——这也正是这种行为最初得到强化的原因。同样的行为也许现在不那么有奖赏性了，所以你也可以简单地把习惯回路看作触发物、行为和结果。

头脑图示练习

如果你准备好了，试着在接下来的几天里，把你自己的焦虑（或其他）习惯回路的 TBR[T= 触发物（trigger），B= 行为（behavior），R= 结果（result）] 图示出来，看看这是否能让你觉得更清晰。现在还不用操心如何改变，了解头脑的运作方式就是改变的第一步。不必着急。你可以像我和约翰那样，抽出一张白纸，写出三个组成部分，画出你自己的习惯回路。从最明显的习惯回路开始就行。

忠告

就像你在约翰的例子中看到的,图示习惯回路也许是件相对容易的事。一旦你开始清晰地看到习惯回路,就很难再对它们视而不见了。这很重要,是不是?(没错。)

大多数时候,当新患者来到门诊,或者新用户开始使用我研发的正念训练手机应用时,他们能非常迅速地图示出习惯回路。就像约翰一样,他们经常看到一层又一层的习惯回路。他们为了解了头脑的运作方式而兴奋,接着就掉进一个有点儿讽刺意味的习惯陷阱:立刻努力解决。这就好比你在车上听到一个奇怪的响声,打电话给修车师傅,而师傅刚跟你解释完,你就回到家里捣鼓它,觉得你自个儿就能修好。后来怎么样了?你最后还是把车送回师傅那里,既要解决原来的问题,又要解决你自行捣鼓造成的新问题。不要掉进这个陷阱里!

让我们一起图示这个额外的习惯回路。

- 触发物:开始清晰地看到习惯回路
- 行为:试图用你尝试过的工具来解决
- 结果:(惊不惊喜,意不意外?)不管用

在本书后面的章节里,我们会讨论这些看似没有奖赏性的习惯回路是怎样建立起来的。

此外,你还可能会强化其他有害无益的习惯回路,如挫败或评判自己。(不用担心,书中还有一章专门介绍怎样应对这类习惯回路。)

在努力克服焦虑、改变习惯时,你必须了解头脑的运作方式

和这些习惯（包括"努力改正自己"的习惯回路）是如何建立的。从理智或概念层面上了解，只是迈出了第一步。一挡就是第一挡：从理智层面了解习惯怎样在你生活中形成和发挥作用，可以积累速度和冲劲，以便你之后全部工具在手时，就可以改变它们。

在长大成人前，我最喜欢的青少年电影是《空手道小子》。我小时候经常搬家，所以完全能理解拉尔夫·马奇奥（Ralph Macchio）饰演的丹尼尔，这个在街区初来乍到，被"酷孩子"们欺负的男孩。而哪有十几岁的男孩子不想和阿莉——伊丽莎白·苏（Elisabeth Shue）约会呢？丹尼尔通过学会如何做自己，最终让阿莉成了自己的女朋友。当丹尼尔来拜师学武防身时，宫城先生[丹尼尔的老师，由帕特·森田（Pat Morita）扮演]的做法不是给他发一本讲空手道的书，让他写读书报告。丹尼尔到来时，对学习空手道热情高涨，不过宫城先生知道，通过概念来学习是一种心理陷阱，它让人热情高涨，然后出去尝试，但实际上并不知道怎样做。你不可能靠读一本李小龙写的书，就变成李小龙。概念不会像挥舞魔杖一样，神奇地变成智慧。实际上你必须亲身实践，通过自己的切身体验，概念才能转化为实际知识。

广为人知的是，所有的"上蜡、脱蜡"⊖，所有粉刷篱笆和给汽车抛光的练习，丹尼尔终究没有白费力气，因为他意识到宫城先生在训练他跳出头脑，进入身体，避免掉入陷阱——自以为懂得空手道，试图直接上演看过的武打电影，却卡在原地没有进展。宫城先生教会丹尼尔的，是怎样把概念付诸行动。

你能看到这背后的习惯回路吗？

⊖ "上蜡、脱蜡"等动作，是电影《空手道小子》里，主角丹尼尔所进行的简单、重复但必要的基础练习动作。——译者注

- 触发物：看到一本关于焦虑（或者改变习惯）的新书
- 行为：一口气把书"吃"完
- 结果：理解了许多概念，但并没有改变什么习惯

对于习惯的改变，概念也是很重要的。当你开始图示习惯时，你会把这些概念付诸行动。请注意，图示习惯并不自动等同于问题的解决。是的，通过像约翰那样图示出一个有害的习惯，是有可能会迅速而轻松地让它停摆的。事实上，在 10 分钟的 TED 演讲《打破坏习惯的简单方法》发布后，我收到了许多人的感谢邮件，说他们看完演讲就戒了烟，在大学里不再拖拖拉拉，等等。不过，要是事情都这么简单，那每个在习惯改变中挣扎的人，都可以在看完那段简短的视频后，把坏习惯踢到一边，一劳永逸了。TED 演讲可以鼓舞人心，可以提供丰富的信息，但作用往往也仅限于此了，我们必须对改变的过程有耐心，才能看到结果。

我们大多数人的习惯，都已经持续了很长时间，图示习惯只是改变它们的第一步。你真的必须充分地理解和实践图示之后，再进入改变的阶段。这就是为什么本书的前三分之一都是关于图示的。不要跳过这部分，不要直接进入"改正"的部分，那样你会踩进概念的陷阱，徒劳地试图用思考来改变习惯。做好"上蜡、脱蜡"的工作。你将会看到，从你自己的体验中学习，对于习惯的改变是至关重要的。

改变习惯也许很困难，但不一定痛苦

曾经有 5 年时间，我都在教耶鲁大学医学院的学生，怎样帮

助患者戒烟。

课程的内容来自一位更资深的精神科医生，他把他所了解的一切打包放进了 45 分钟的游说里。在这些学生们在医学院的 4 年学业当中，这 45 分钟是关于帮助患者戒烟仅有的时间。要确保这些知识有用和起效，学生们必须能记住、内化和实际运用这些知识。

我所能想到的最好办法，就是让学生们完成一个口头演练。其中包括我用严肃得不能再严肃的语气宣布："现在请跟随我重复以下内容……"

这可不是我人生的高光时刻，但为了让医学生们保持清醒和学习的状态，这确实是我能想出的最好办法了。

跟随我重复以下内容："作为你的大夫，我今天能给你最重要的忠告是，戒烟是你能为自己的健康所做的最好的事。"这是帮助人们戒烟的最佳选择——"用明确、有力和个性化的方式，敦促每一位烟民戒烟"。后续的问句则是："你是否愿意现在就尝试戒烟？"也许是震惊于医学院教授还在使用幼儿园教学方式，大多数学生只是鹦鹉学舌。为了让讲座更有吸引力一点儿，我会给他们计时，看他们能说多快。（谁不喜欢来点儿比赛呢？）从我教那门课，到写这本书，十多年已经过去了，但我刚才引用的这些话，依然是帮人戒烟的"金标准话术"。你要是不信，可以去查查。

在形成习惯方面，重复就是王道，所以我希望学生们在跟我短暂的相处中，尽可能多地重复这些话（当然前提是完成讲座的其余内容）。但是，一定还有更好的办法，能帮助人们改变习惯！

关键在于，改变习惯确实是一项困难的工作，但它不一定要枯燥、无聊，甚至痛苦。

所以，请跟我重复下面的话：

"改变习惯也许很困难，但不一定要痛苦。"

"改变习惯也许很困难，但不一定要痛苦。"

再来一次，这样更有可能铭记在心：

"改变习惯也许很困难，但不一定要痛苦。"

你刚刚已经记住了习惯改变一个非常重要的部分，下一步是让你看到，怎样才能像黑客一样，真正"破解"你大脑自身的习惯形成机制，让它为你所用，而不必跟它作对。这样一来，你的心理肌肉就不会酸痛，也不会受到伤害。

找到你自己的故事线

好电影和畅销书的作者会遵循神话中"英雄之旅"的弧线，让故事线具备娱乐性。这门学问从"讲故事"行为出现伊始就已经存在，直到1949年才由作家约瑟夫·坎贝尔（Joseph Campbell）所编纂规范。在娱乐界，这已经成为一个基本公式，即创造一个钩子（一个悬而未决的问题，吸引人关注它如何被解决），用一种扣人心弦的方式讲述故事（紧张、斗争、困难等），并确保结局虽不一定幸福团圆，但完整（问题解决）。也许你甚至能从中看到一些基于奖赏的学习的要素，这些要素让我们兴奋，让我们追着看喜欢的电影的续集，或阅读"哈利·波特"系列的下一本。

- ❋ 触发物：（问题带来的）紧张感
- ❋ 行为：包含斗争等要素的英雄之旅
- ❋ 结果：（问题的）解决

一个好故事完结了之后，我们又会渴求下一个。

这个公式在各个平台带来剧集盛宴的时代，依然发挥着作用，并多了一个额外的花招。假如你有一个完整的系列并希望观众一季又一季地回来追剧，你会怎么做？是的，你会去掉"问题解决"的部分，如下所示。

- ❋ 触发物：（问题带来的）紧张感
- ❋ 行为：包含斗争等要素的英雄之旅
- ❋ 结果：（问题）依旧悬而未决

这种悬而未决的情况，就像是漫长的徒步旅行中，你坐在树林里休息，突然发现你正坐在一个蚁穴上。当你开始感受到令人不安的瘙痒感时，大脑就启动了高度警戒，开始尖叫："着火了！着火了！赶快灭火！"幸运的是，视频软件及其同谋者们用"下一集"的选项，把灭火器放在了触手可及的地方；事实上，他们认为你已经等不及了，有时还会擅自替你按下按钮。

要改变你自己的习惯，你必须使自己沉浸在故事之中，包括其中的英雄（就是你！）、情节（你的任何习惯）、阴谋（为什么你吃 M 豆㊀时要先吃绿色的后吃棕色的？）、紧张感（你做得到吗？），以及解决问题（是的，你能！）。

在这本书里，我们会紧紧追随这条故事线，这就是你为什么

㊀ 玛氏公司出品的巧克力糖。——译者注

必须仔细、勤快地图示你的习惯回路。是的，就像《空手道小子》里的丹尼尔一样，他不怎么喜欢给地板上蜡、粉刷篱笆和洗车，你也可能会发现头脑图示是一种无聊且琐碎的劳动，而且确实如此。但是头脑图示对你完成英雄之旅至关重要，它将让你最终能讲出自己震撼人心的真实故事。

第 6 章

为何你的焦虑与习惯克服策略不奏效

既然你已知晓自己大脑的核心运作机制,我们来谈谈解决方案吧。心理学家和治疗专家已经确认了好几种策略,用于打破包括焦虑、暴食、拖延在内的多种坏习惯。不过,这些疗法是否有效,常常依赖于个体遗传因素。幸运的是,现代科学发现,某些古老的练习可以把原始脑和进化脑的力量结合起来,从而战胜那些坏习惯,无论你是不是天生的基因赢家。

不过,我们还是先回到之前讨论的大脑模型。请记住,原始脑的基本功能是帮助我们存活下来。除了基于奖赏的学习之外,它还另外留了一手:把学到的东西,尽快转移到"肌肉"记忆当中。换句话说,我们的大脑天生就倾向于将一些行为变成习惯,以便腾出空间来学习新东西。

想象一下,假如你每天早上起床后,都得重新学习怎样站立、穿衣、行走、吃饭和说话,那么不到中午,你就会精疲力竭。而在"习惯模式"中,我们可以不假思索地迅速行动,就像是原始脑在告诉进化脑:"别担心,交给我好了。这种事你就不用费心了,去考虑别的吧。"我们大脑中较新的区域,比如前额叶皮质,之所以能进化出思考和做计划的能力,在一定程度上就要归功于这种分工。

这也是为什么旧习惯往往十分顽固,即使你的头脑图示工作已经相当彻底。没有谁会愿意利用整个美丽的周末在家里清理杂乱的衣柜,只要其中还有空间可以暂时存放洗好的衣物。只有到衣柜已经满满当当之后,你才不得不硬着头皮清理。你的大脑也是一样的,它才懒得去理会旧东西,除非它们已经杂乱到了一种紧迫的程度。你大脑中新近进化的区域,更愿意把时间花在"更加重要"的事情上,比如规划未来的假期、回复电子邮件、学习在喧嚣的世界中保持冷静的最新妙招⊖,以及研究哪些营养搭配是目前最时尚的。

前额叶皮质不但擅长提前思考和计划,也是负责冲动控制的脑区。你的原始脑以"资源稀缺模式"运行,它总是为饿肚子而忧心忡忡。假如你看到一个甜甜圈,你的原始脑就会冲动不已,跃跃欲"食",心想:"热量有了!又能活下去了!"你可能还记得,在新冠疫情暴发初期的美国,人们在杂货店里疯狂抢购卫生纸、面粉和意大利面的情景。当你在店里看到别人的购物车都堆得满满的,你也会急着去拿剩下的东西,就算你家里已经有很多了。相反,你的进化脑可能会对原始脑说:"别慌别慌,你刚吃

⊖ "在喧嚣的世界中保持冷静的最新妙招",也许是以调侃的方式暗示了牛津大学正念中心开发的"喧嚣世界静心法"正念课程。——译者注

过午饭的。这个不是健康食品，而且你根本都不饿！"或者："我们的卫生纸足够了。现在没必要多买了。"进化脑是那个理性的声音，它提醒你先吃蔬菜再吃甜点，它还帮你守住新年伊始立下的决心（讽刺的是，当你的新年计划落空时，评判你的也是这同一个声音——这一点我们之后还会再谈）。

现在，我们来讨论一些你已经知道的策略。据称这些策略能帮你处理焦虑或其他负面情绪，或者能让你改掉顽固的坏习惯（你可能已经试过了），我们来看看它们为什么可能不奏效。在此基础上，我们可以尝试理解这些策略在遇到焦虑习惯回路（如过度担忧）时会发生什么。

习惯克服策略 1：意志力

在你调用意志力储备时，你的进化脑应该让原始脑歇会儿，点沙拉而不是汉堡包，很简单嘛，是不是？当你感到焦虑时，你应该告诉自己要放松，然后就放松了。意志力似乎应该起效，但这里要附送两条警告。

第一条警告是，最近的研究[1]对关于意志力的一些早期观点提出了质疑。一些研究表明，意志力是少数幸运儿的遗传禀赋；还有一些研究认为，意志力本身只是传说而已。[2] 即使那些认为意志力真实存在的研究，也大多发现，实施更多自我控制的人实际上在达成目标方面并没有更成功——事实上，他们越是努力，就越是感到疲惫不堪。[3] 简单地说，埋头苦干、咬紧牙关或强迫自己"只管去做（just do it）"，也许会适得其反。这可能在短期内有所帮助（或者至少让你觉得自己正在做些什么），但从长远及实际效用的角度来看,其实并不奏效。

第二条警告是,就算意志力在正常情况下运作良好,一旦你面临压力(剑齿虎、老板的电子邮件、与配偶的争吵、疲惫、饥饿),原始脑就会夺取控制权,凌驾于进化脑之上,甚至几乎把它关闭,直到压力消失。[4] 所以,恰恰在你需要意志力时——请记住,意志力对应的脑区是进化脑的前额叶皮质——它正好不在线,而原始脑支配着你吃小蛋糕,一直吃到你感觉好点儿了,进化脑才重新上线。可以这样看待前额叶皮质:它是大脑中最年轻、进化程度最低的部分,也是最弱小的部分。依赖意志力,就等于把所有的信心都寄托在大脑中最脆弱的部分,指望它能管束我们远离诱惑。难怪我们中的很多人感觉如此内疚!对大多数人来说,意志力的缺乏,也许更多是大脑布线和进化上的失败,而不是我们自己的过失。

使用意志力来克服焦虑,逻辑上是讲得通的,但对多数人来说不太靠谱。我的朋友艾米丽(就是那位高级律师,她能用思考解决任何麻烦,无论是真实的还是想象中的麻烦)在惊恐发作时会告诉自己:"你感觉自己要死了,但你不会死的,这只是你的大脑在玩弄你,下一步发生什么由你自己决定。"她就是那种百万人里挑一的幸运儿,有着训练有素、令行禁止的大脑。要是我们其他人也这样,每当焦虑蠢蠢欲动,就能够轻易地喝止它的话,我一定会愉快地转行。可惜,我们的大脑不是这样运作的,那些本应用理性帮我们渡过难关的部分,却会被压力和焦虑关闭。假如你不相信我(也不相信数据),可以这样试一试:下一次你感到焦虑的时候,告诉自己要平静,看看结果会怎样。要是你想增加点儿难度,可以用你父母的严厉语气来对自己下达这个命令。

习惯克服策略 2：替代

如果你对 X 有渴求，就用 Y 来替代。跟意志力一样，替代也依赖进化脑。这种策略得到了很多科学研究的支持，也是成瘾精神病学中的首选策略之一。举例来说，如果你想戒烟，在烟瘾犯了时，用吃糖来代替点烟。这对部分群体是有效的（这也是我在住院医师培训中学到的方法之一）。不过，我的实验室和其他机构的研究显示，这种做法也许无法根除渴求本身。习惯回路保持不变，只是行为换成了更健康一点儿的事情。（好好好，吃糖是不是真的健康，我们可以一会儿再争，不过大意是这样的。）由于习惯回路依然存在，这也增加了你在未来某个时刻故态复萌的可能性。

替代策略也常常被建议用来处理压力和焦虑。当你焦虑时，用浏览社交媒体上可爱的小狗图片来转移注意力。使用我们的"给焦虑松绑"手机应用的一位用户，甚至编写了一个机器人程序来自动转发小狗图片，所以他甚至无须搜索，只要登入自己的社交软件账号，就会看到无数小狗图片充斥在屏幕上。不过这并没有解决他的焦虑（和拖延）问题。在本书的第三部分中，你会看到，我们的大脑开始厌倦这些手段。

习惯克服策略 3：预设环境

如果你抗拒不了冰淇淋的诱惑，就别在冰箱里放几大盒冰淇淋。跟前面一样，这个策略也需要麻烦的进化脑。数个关于预设环境（priming an environment）策略的实验研究发现，有着良好自控力的人往往用这种方式安排生活，这让他们根本不必面对需要自控力的状况。[5] 养成每天早上锻炼身体或在杂货店购买健康食品的习惯,让持续健身和营养烹饪成为例行常态,这样就更有可能坚持下去。这里同样有两条警告:①你必须真的养成了健康的行为习惯才行;②当你在坚持过程中出了差错时,由于大脑中关于旧习惯的刻痕比新习惯更深,所以你很容易回到旧习惯模式并持续下去。我在门诊里经常看到这种情况。我的患者用这种策略坚持了一段时间,又回到了抽烟、喝酒或吸毒的状态(除非你搬到无酒可喝的荒岛或酒类管制最严格的犹他州,否则很难避免开车时经过卖酒的商店)。这就是健身房经常在年初优惠办卡的原因,它们知道你开卡注册以后,只会频繁去几周,碰到天气冷或下雨就歇几天,然后越去越少,直到完全不去,让他们的设备崭新如初。来年一月份,当你对身材不满意时,又会把这种仪式重复一遍。

预设环境应对焦虑的效果怎样?你没法像扔冰淇淋一样把焦虑从冰箱里扔出去,或者绕开回家路上的焦虑商店,以免你在辛苦工作一天之后无法抵御从 31 种不同口味的焦虑里选购一种的诱惑。在家里建立一片"无焦虑区域"听起来不错,不过就算你建好了,焦虑也还是会来的。

习惯克服策略 4:正念

乔恩·卡巴金(Jon Kabat-Zinn)可能是西方最有名的正念专家。20 世纪 70 年代末,他在一次冥想静修营期间产生了一个想法:开发和测试一项为期 8 周的正念课程,并在医疗环境中开展教学和研究。于是正念减压课程(mindfulness-based stress reduction，MBSR）应运而生。在之后的四十年里，MBSR 成为世界上最著名、被研究得最充分的正念课程。

卡巴金对正念的定义是："有意识地、不加评判地把注意力放在当下而产生的觉察。"基本上，卡巴金强调了体验的两个方面：觉察和好奇。

我们展开来说一说。还记得原始脑是怎样对正强化和负强化做出反应，以便确定要采取什么行为，并很擅长把这种行为变成习惯的吗？

如果你没有意识到你正在习惯性地做某件事，你会继续习惯性地做下去。卡巴金用自动导航驾驶来打比方。假如你在同一条路上开了一千次，这段行程就会变得非常习惯化，你在驾车时也更容易开小差去想别的事——有时候你甚至都不记得自己是怎样下班回家的。是魔法带你回家的吗？不，是习惯带你回家的。

通过正念培育出的觉察，可以帮你"揭秘"你的原始脑中正在上演的一切。你可以学会识别习惯回路，把它们抓个正着，而不用等到回路运行完，你也差点儿撞了车时，才恍然"醒悟"过来。

一旦你觉察到自动导航模式中的习惯回路，就可以对正在发生的事情变得好奇：我为什么在做这个？是什么触发了这项行为？我从中真正得到的奖赏又是什么？我想继续这样做吗？

乍听起来也许奇怪，不过好奇是一种关键的态度。把好奇的态度跟觉察搭配起来，就可以帮你改变习惯——无论是我实验室的研究，还是其他人的研究，都证实了这种联系。而且，好奇本身就可以成为一种强有力的奖赏。你还记得你上次对某件事情感到好奇,是在什么时候吗?好奇的情绪本身就感觉不错——它会向你的原始脑传送信号:这比转瞬即逝的甜蜜暴击和紧随其后的内疚碾压要更好。㊀

不卷入习惯模式,就可以给进化脑以用武之地,让它做它最擅长的事:做出理性和符合逻辑的决定。

你觉得在哪种情况下,更容易改变习惯呢?一个是你在冰淇淋的盛宴中纵情贪欢,醒悟过来时充满了羞愧和自我评判;另一个是你单纯觉察到某种行为,对它感到好奇,并图示你的头脑到底在做什么。

好奇心是让我们敞开心扉、迎接改变的关键。斯坦福大学的研究人员卡罗尔·德韦克(Carol Dweck)博士,多年前在比较"固定型思维模式"和"成长型思维模式"时,就谈到了这一点。[6] 当你被困在旧习惯(包括自我评判)的回路里时,你还没有准备好迎接成长。(我的实验室已经定位出了与此相关的脑区。)

尽管对正念的科学研究还处于早期阶段,但已经有一些一致的发现。多家实验室研究发现,对于基于奖赏的学习,正念能精准地作用于其关键环节。例如,我的实验室发现,正念训练对于帮助吸烟者识别习惯回路并将渴求与抽烟行为脱钩至关重要。换句话说,患者出现对烟的渴求后,可以留意到这种渴求,对渴求在身体(和头脑)中的感受感到好奇,并安然经受这些感受的冲击,而非习惯性地抽烟。脱离这一习惯回路带来的戒烟成功率比目前的金标准疗法高出了5倍。[7]

㊀ 根据上下文,此处指的可能是通过物质或行为来消除渴求后得到暂时满足、随后严重内疚的现象。——译者注

我的实验室发现，当人们学会理解习惯回路的过程，并运用正念技术后，习惯行为发生了一些惊人的转变。学会使用注意力会带来行为改变，包括吸烟行为，也包括不良进食行为，甚至包括焦虑本身（我们的临床研究可以证明）。

我也在自己的生活中亲身验证了这个方法的强大功效。我在本书引言里提到一句格言"懂得越少，说得越多"，其必然推论是"别光傻干了，坐上一会儿！"㊀这是一个简单而有力的悖论，给我的个人生活和职业都带来了巨大的影响。假如某位患者在我办公室里出现了焦虑或者担忧（也许只是由于患者告诉我已经发生的事情或即将发生的事件），那我可能也会被"感染"，变得焦虑或者担忧（"噢，不，情况很严重。我有能力帮到他吗？"）。

为什么呢？比方说，如果我开始掉进焦虑的旋涡，前额叶皮质难以思考，我可能会习惯性地产生我自己的焦虑反应，试图"下场"把患者"修好"，以此消除我自己的焦虑。当然，这往往会让事情变得更糟，因为这时患者并不会觉得我真正理解他，而我给出的解决方案也不够好，因为我们还没有谈到他焦虑的根本原因（因为在不经意之间，注意力的焦点变成了我）。"别光傻干了，坐上一会儿"是一句强有力的提醒：觉察就是行动。换句话说，只是坐在那里，深入地倾听患者，往往就是我在当下能为患者做的最好的事——共情、理解、联结。最后，我之所以喜欢这句话，是因为它提醒我，我的意志力本能（也就是"做点什么"）本身就是一个习惯回路（用意虽好但误入歧途），而我可以只是去观察：观察就是唯一必须的"行动"，而且讽刺的是，也是最有

㊀ 日常生活中更常见的说法也许是："别光傻坐着，干点儿什么！"这也是为什么作者称之为"悖论"。——译者注

效的行动。

准备好进入有关图示焦虑（和其他）习惯的新一层反思了吗？假如这不是你第一次尝试改变习惯，请回顾一下这些年来你尝试过的所有不同的习惯克服策略。哪些是有效的？哪些是无效的？这些有效和无效的例子，是否符合你现在对大脑（特别是基于奖赏的学习）工作原理的认识？如果你是习惯改变游戏的新玩家，这其实也是一个不错的起点，因为你还没有养成试图改正坏习惯的"坏习惯"（即一次次地重复那些无效的策略）。保持航线，不断地图示你的习惯回路。留意自己想要跳进去改正习惯的冲动（并把这种冲动也作为一个习惯回路图示出来）。上蜡，脱蜡。

第 7 章

戴夫的故事 1

因焦虑无法开车和吃鱼的戴夫

戴夫（化名）是我的一位患者，他在首次治疗中告诉我，他从一两年前开始，在高速公路上开车时会惊恐发作。他漫无目的地开着车，也没想什么，突然有一个想法在脑海中冒出来：以每小时 95 千米的速度驾车是多么危险。他这样描述当时的感受："我置身于一颗巨大的子弹中，一路狂飙。"戴夫的惊恐发作如此严重，以至于他完全不再开车上高速了。

不幸的是，他的惊恐发作并不限于开车。有天晚上，他和女朋友在一家寿司店用餐，一个想法突然出现：我可能对鱼过敏。他变得极其焦虑，两人不得不立即结账离开。理智上，他知道这太愚蠢了，他对鱼并不过敏，也不太可能当晚就出现新的过敏。

但他的理性完全无法抗衡他脑中的声音,这个声音在说:"没必要讨论了。危险!我们要立刻撤离。"

戴夫还说,他想不出自己有什么时候是不焦虑的,甚至从童年起就是如此。他在二十多岁时,尝试过用酗酒来缓解焦虑(却让他感觉更糟);他找医生开过药(却又不敢服用);他看过心理医生、治疗师,甚至还看过一位催眠师,但正如他自己所说,"统统没用"。戴夫接着告诉我,他对付焦虑的主要办法之一,就是吃东西。焦虑会刺激他去吃点儿什么,而食物会暂时麻痹他,或者帮他在焦虑时转移注意力。这种进食习惯回路导致他体重大增,并因此患上了高血压、脂肪肝和严重的睡眠窒息。

* 触发物:焦虑
* 行为:吃东西
* 结果:焦虑时转移几分钟注意力

现在,四十岁的他深受广泛性焦虑障碍、惊恐障碍和严重超重的困扰。他的焦虑已经十分严重,导致他常常因为太恐惧而不敢下床。在遇到我之前,他一直在疯狂地寻找着能帮他突破困境的东西,任何东西都可以。

画出戴夫的焦虑习惯回路

在首次就诊时,我拿出一张白纸,把"触发物""行为"和"奖赏"这三个词,以三足鼎立的方式写到纸上。三者之间画出箭头:从触发物指向行为,从行为指向奖赏,又从奖赏指向触发物。我把纸推到桌子对面,问戴夫:"这张图画得对吗?恐惧的想法(触发物）——比如'啊，我可能对鱼过敏'——是不是会触发你离开或回避某个情境（行为），好让你感觉更好一些（奖赏）？"

"没错。"戴夫说。

"这是否形成了特定的习惯回路，让你的大脑认为这是在保护你的安全，但实际上让你更加焦虑和恐慌？"

"大体来说是这样的。"他说。

短短几分钟内，我和戴夫图示了他大脑中的"生存系统"怎样身不由己地让他的生活变成了自我延续、永无止境的焦虑循环。焦虑触发了担忧和回避，而担忧和逃避又触发了更多的焦虑和回避。而其中的应对机制（吃东西）引发了他的肥胖和高血压。

戴夫离开时，我给了他一个简单的目标：图示你的焦虑习惯回路。你的焦虑触发物是什么？行为是什么？奖赏是什么？我希望他能看清其中所有的部分，并且看到自己正在从这些行为中得到什么。

后一部分尤为重要。我们的大脑通过基于奖赏的学习，建立了习惯回路。换句话说，假如某种行为具有奖赏性，我们就学会重复这种行为。在我看来很明显，戴夫已经习得了对恐惧情境的回避（也习得了用吃来回避压力），因为这些行为是有奖赏性的。

尽管从长远来看这些奖赏并不理性，也没有根本性的益处，却仍然让他陷入习惯回路之中。是行为的奖赏性而非行为本身，影响了未来的行为。换句话说，行为本身不如行为的结果重要。如果只要识别出某种行为，然后告诉别人"别做了"就能奏效的话，我会开开心心去改行的。"别做就行了"（Just stop doing it）

从未成为广为流传的口号,这是有原因的。经过多年的研究和临床实践,我彻底确信,意志力更像是一个传说,而非真实存在的心理肌肉。

我讲述戴夫的故事,是因为它能够很好地展现图示习惯回路的简单和重要性。这并不需要花很多时间,也不需要跟精神科医生或精神分析师面谈。它所需要的只是(免费的)觉察。

举个例子,假如你正在参加一个大型会议,而你的习惯回路是不按次序发言,那在你插嘴发言之前,可以先在心里图示这个习惯回路。

- ✹ 触发物:"我有个超棒的主意"的想法
- ✹ 行为:打断正在发言的人,想法脱口而出
- ✹ 结果:破坏了会议流程

随着你继续阅读,我们还会看到戴夫的故事的后续,看到他通过图示和面对自己的头脑,取得了什么进展,而这也正是你正在学习面对的。

习惯回路(包括焦虑与其他回路)控制着你,直到你能清晰地看见它们。重获控制权的第一步非常简单,就是留意和图示出这些回路。每当你画出一张新的示意图,都会削弱自动导航的影响,变得更有掌控力,因为你看清了自己的方向。

可是,有一点点焦虑感,不是件好事吗

我们的大脑特别擅长制造关联,这就是我们学习的方式。我们把蛋糕跟享用美味关联起来,然后只要看到蛋糕,就会无须思

考直接吃掉。假如我们在某家餐厅食物中毒，很快就学会避开那家店。事实上，那家餐厅跟呕吐体验之间的关联可以特别强烈，以至于只是路过店门口也会让人感到恶心。不过，大脑的这种天赋也就仅此而已了。一家餐厅的标志牌本身并没有毒，但经由学习，我们在头脑中把它与"千万别去"的警告牌关联到了一起。作为出色的关联学习机器，我们的头脑也很容易在焦虑和表现之间建立错误的关联。

我攻读博士期间的导师路易斯·穆利亚（Louis Muglia）博士曾教给我一句话："真实，真实，但不相关。"他用这句话来提醒我，做实验时要仔细检查因果关系链。换句话说，我可能在研究 X 行为或 X 过程时，看到了 Y 的发生，但要宣布是 X 导致了 Y 的发生，就必须先加以证明（向我自己、我的导师及全世界证明）。X 也许发生了（"真实"）；Y 也许同时发生或紧随其后发生（"真实"），然而，这并不能证明 X 导致了 Y 的发生。

我们的头脑经常建立这种虚假的因果关联。我最喜欢的一个例子，是站在本垒准备击球的职业棒球运动员。他们为每一球做准备时，都要先走一遍各种各样的仪式——用脚挖地特定次数，在某个位置触摸头盔，等等。对许多球员来说，他们已经把这些特定的行为与成功关联了起来：做 X、Y 和 Z，你就更有可能击中来球。但事实是，他们可能完成了仪式（"真实"），也击中了球（"真实"），但没有什么能证明这两项事实有关联。

当然，我们很多人也会用同样的方式，把焦虑跟成功联系起来。我每一次教授研讨课，几乎屡试不爽的是，课后总会有人找到我，言之凿凿。（啊，我们是多么喜欢确定性！）要是没有焦虑的驱动,他们永远也不会取得今天的成就。我在我的临床焦虑治疗项目中也看到了类似现象。例如有人曾这样描述:"对我来说,我其实一开始就把自己的成功归功于焦虑。我在学校里成绩很好,并觉得是焦虑激励我做得这么好,所以在内心深处,我对放下焦虑是害怕甚至是犹豫的。"另一个人说:"我也有同样的感觉。我担心如果放下了焦虑,我会失去像以前那样推动自己努力的能力。"

在这些讨论中,无论对方是我的患者还是研讨课的学生,我几乎总是听到导师的声音在脑海中回响。"是否这里也是'真实,真实,但不相关'?"路易斯会这样问。然后我会开始讲解,相关性不等于因果性。然后我会深入探索他们的体验,帮他们确认自己是不是误将焦虑的感受跟良好的表现关联起来了。

我观察到一个有趣的现象,人们对"焦虑对于成功至关重要"这个概念非常执着。我和我的编辑卡罗琳·萨顿(Caroline Sutton)讨论了这个问题,她的说法简直是语不惊人死不休:人们把自己的焦虑或压力浪漫化了。他们像佩戴荣誉勋章一样佩戴着焦虑,仿佛没有它自己就不够优秀,或更糟的是,丧失目的感。对很多人来说,压力等同于成功。用她的话说:"如果感到焦虑,你就是在为社会做贡献。如果你不觉得焦虑,你就是个失败者。"

这种认为"我们至少得有一点儿焦虑,才能表现出色"的观念,在研究文献中也被浪漫化了。早在1908年,心理学领域还宛如襁褓中的婴儿时,哈佛大学的两位动物行为研究者罗伯特·耶基斯(Robert Yerkes)和约翰·多德森(John Dodson)

发表了一篇题目是《刺激的强度与习惯形成速度的关系》的论文。[1] 在这份文稿中，他们描述了一个有趣的观察结果：相比于轻度或重度电击，日本跳舞小鼠（Japanese dancing mice）在受到中等强度电击（负强化物）时，任务学习的效率更高。他们的结论是：动物在一定程度（但不太高）的唤起状态下，学习效率最高。在之后的半个世纪里，这篇论文只被引用了10次，但在引用它的其中4篇文章里，这些发现被描述成一条心理学定律（现在也许已经以耶基斯－多德森定律或耶基斯－多德森曲线的名义，不可撤回地留名于互联网）[○]。

在1955年发表的一篇论文中，出生于德国的英国心理学家汉斯·艾森克（Hans Eysenck）认为，耶基斯－多德森"定律"在焦虑方面可能是对的。他推测，提高唤起程度也许能改善被试的任务表现。[2] 两年之后（1957年），艾森克的一位前研究生，当时在伦敦大学从事研究工作的P. L. 布罗德赫斯特（P. L. Broadhurst），发表了一篇题为《情绪性与耶基斯－多德森定律》的论文。他在文中描述了自己的实验，其中把大鼠的头按在水下（即空气剥夺）的时间作为衡量"外加动机的强度的尺度"。随着被按在水下的时间越来越长，大鼠的游泳速度会逐步提升，到某个点后又略微回落。[3] 他互换着使用动机、唤起和焦虑等术语，然后武断地得出结论："从这些结果中可以看出，耶基斯－多德森定律可以被确认了。"（我不知道他有没有考虑过，那些头被压

○ 马丁·科贝特（Martin Corbett）在2015年发表了一篇题为《从定律到民俗流传：工作压力和耶基斯－多德森定律》（*From Law to Folklore: Work Stress and the Yerkes-Dodson Law*）的论文，专业地描述了这项研究从默默无闻到被奉为定律的历史性转变。

在水底最久的老鼠之所以游泳速度慢了一点儿,是不是只因为想在游泳前先喘口气。)通过对从跳舞小鼠和溺水大鼠的相关研究,焦虑与表现水平之间的倒 U 形曲线,也叫钟形曲线,就这样成为心理学术语和事实:一点点焦虑对表现水平是有好处的,焦虑太多就不行。

快进到半个世纪后,在对有关压力和工作表现的心理学文献进行回顾时,人们却发现:只有 4% 的论文支持这条倒 U 形曲线,而 46% 的论文却发现了负线性关系——这基本上意味着,任何程度的压力都会抑制工作表现。[4] 尽管反差是如此明显(这该死的数据!),可过度扩展了应用范围的耶基斯-多德森"定律",却已成为民俗流传,在当今时代甚至可能达到了神话般的地位(证据是其引用次数似乎在指数级增长:1990 年还不到 10 次,2000 年不到 100 次,而 2010 年则超过了 1 000 次)。

焦虑作为一枚荣誉勋章,作为工作能力的重要组成部分,作为一种身份认同(感谢我的焦虑——如果没有遇见你,我将会是在哪里?),也许还要加上伪科学解释模型的美感(钟形曲线可以说是相当时尚了),导致许多人不愿对这种解释进行重新评估,其中包括心理治疗师(他们当中有些人的著作整本都以此观点为前提),也包括患者和大众。

假如脑海中总有个声音告诉你,焦虑是好事,那现在正是时候来探索这种因果关系是否属实。焦虑总能让你表现良好吗?你有没有在不焦虑的状态下完成过一些事情?接下来这个问题你可能没想过,但我还是把它放在这儿:焦虑会不会消耗你的精力,让你难以思考,或者有时候妨碍你有好的表现?(屏息凝神后的)最后一击:在奥运选手或专业音乐人所向披靡、大获全胜时,他们看起来真的紧张吗？[提示：去看看迈克尔·乔丹（Michael Jordan）在比赛中砍下60分的经典片段，留意他的舌头在哪里；看看克洛伊·金（Chloe Kim）在2018年冬奥会赢得单板滑雪U型场地技巧金牌的表现，或者尤塞恩·博尔特（Usain Bolt）在百米赛跑中碾压对手时，脸上笑得有多开。]

在学习改变焦虑或其他习惯的过程中，不用纠结能不能找出所有的触发物。在图示习惯回路时，你往往会过分聚焦于触发物，却忽略了那些能真正帮你改变习惯的因素，这通常是由于人们太想搞清楚当初为什么会陷入这些习惯回路。这就像是回顾过往的所有生日聚会并进行精神分析，找到自己开始喜欢吃蛋糕的准确时间点，好像这样就能神奇地解决"一看见蛋糕就吃掉"这个烦恼。知道某件事成为习惯的原因，并不能立刻而神奇地解决问题。事实上，触发物是习惯回路中最不重要的部分。所谓基于奖赏的学习，其基础当然是奖赏而不是触发物（名字已经说明一切）。这才是最值钱的部分。别担心，我们会在本书第二部分中讨论的。你现在要做的，就是不断图示你自己的习惯回路。

第 8 章

关于正念的简单介绍

正念的定义及作用

我们先回顾一下卡巴金对正念的定义：

（正念就是）有意识地、不加评判地把注意力放在当下而产生的觉察。

如果你还记得，我们的原始脑会对正强化和负强化做出反应，以决定接下来要采取的行为，并善于把这些行为变成习惯。这个过程通常是无意识地发生的。如果我们没有意识到自己在习惯性地做某件事，就会习惯性地继续做下去。（这就是我们在第 6 章里讨论的自动导航部分。）

不过，我们能够对这些运作中的习惯模式变得更有觉察。这就是正念的作用：培养觉察，以便我们能观察自己正在运作中的穴居人大脑。

人们经常会疑惑正念与冥想的关系是什么，两者是不是一回事。可以用韦恩图（Venn diagram）来简单示意二者的关系：正念是一个大圈，而冥想则是大圈里包含的小圈（见图8-1）。

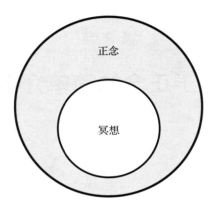

图8-1　正念与冥想关系韦恩图

换句话说，冥想属于正念练习方法中的一类。要培养正念觉察，冥想并非唯一的途径，然而冥想确实能帮助你提升对此时此刻的觉察。冥想就像是大脑的健身房，能够帮助你锻炼"正念肌肉"。

觉察也能帮你注意到自动反应及其触发物，这不仅涵盖了焦虑和担忧的习惯回路，也包括我们对任何事物产生的反应。不过这里有一点提醒：外界对正念有很多误解，如认为正念是一种特别的、无焦虑的心理状态，或把正念单纯看成一种放松技术。我的诊所里很多患者都有这样的误解，结果他们越是努力清空头脑中的焦虑想法或思考解决焦虑的办法，就越是焦虑。我在静修营教学或者给患者介绍正念时，经常被问到一个问题："怎样才能把我头脑里的想法清除掉？"这个问题可以说概括了最常见的误解，它错误地把"清空头脑"当成了冥想的目标。

要是你一心想要"清空头脑"，我只能祝你好运吧——我曾经试了十年，甚至在隆冬时节的长期止语静修营里练到汗水湿透衣衫，仍然做不到。再说了，在医学院和住院医师培训中，我大部分时间都在竭尽全力往脑子里塞满信息，为什么我要清空它呢？

正念不需要我们停止、清空或摆脱任何东西。无论是想法、情绪还是身体感觉，都是我们生而为人的重要部分，思考和计划也是我们应该掌握的关键技能。要是我无法运用大脑的思考能力去清楚地了解患者的临床病史，做出可靠诊断，又怎么能照顾好我的患者呢？

因此，正念不是关于改变或消除我们体验到的想法和感受，正念是关于改变我们与这些想法和感受的关系。然而，这不是一种容易的事情。

不受控制的持续性思维

事实上，2010 年哈佛大学的一项研究表明，我们在醒着的时候，大概有 50% 的时间会陷入思考（确切地说是"走神"）。[1] 我们处于自动导航模式的时间实在太多了。

由于这种心智状态是如此普遍，我们已经可以在大脑中对它进行观测了，甚至还找到了它对应的脑区网络，并命名为默认模式网络（见图8-2）。默认模式网络的发现者是圣路易斯华盛顿大学的马库斯·赖希勒（Marcus Raichle）和他的团队。之所以称其为默认模式网络，是因为只要我们的头脑没有在处理具体的任务，这套网络就会自然启动。[2]

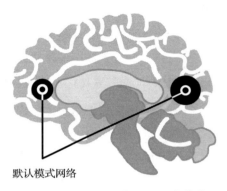

默认模式网络

图8-2 默认模式网络在大脑中的位置

当我们的心到处漫游，思考过去或未来，困在持续性思维模式（如思维反刍）之中，陷入焦虑等强烈的情绪状态，或者对各种成瘾物质产生渴求时，默认模式网络就会激活。不管是好是坏，我们的默认倾向就是去思考、回忆那些跟我们自己相关的事物，为我们做过的事情懊悔，为将要到来的事情担忧，等等。

默认模式网络的枢纽叫作后扣带回皮质，它把一系列其他的脑区连接在一起。后扣带回皮质很有趣，因为只要给人们看能提醒或触发他们瘾头的图片时，这个脑区就会被激活。[3] 举例来说尼古丁成瘾者的后扣带回皮质会被吸烟线索（如有人抽烟的照片）激活。基本上，当我们陷入渴求或其他类型的持续性思维习惯回路时（如思维反刍，即聚焦于自己的痛苦并反复思考痛苦，是抑郁或焦虑性担忧的特征），后扣带回皮质都会被彻底激活。持续性思考就是反复思考同一件事，而担忧就是其中的典型代表。为了让这个概念更清晰，我会举一些例子：

渴求的习惯回路
- 触发物：看到蛋糕
- 行为：吃蛋糕
- 结果：感觉不错

思维反刍的习惯回路
- 触发物：感到精力不足
- 行为：想到自己是多么低落，将无法完成任何事情，等等
- 结果：感到（更加）抑郁

焦虑性担忧的习惯回路
- 触发物：看见还未完成的待办任务清单
- 行为：担心自己完不成
- 结果：感到焦虑

顺便提一句：抑郁症患者似乎特别擅长沉溺在持续性思维习惯回路中，以至于其中有 2/3 的人，也符合焦虑症的精神病学诊断标准。抑郁和焦虑的这种共性，表明持续性思维习惯回路本质上是不受控的，因为它们能够自我强化。为什么会这样呢？根据希伯来大学的耶尔·米尔格拉姆（Yael Millgram）及其同事的一项研究，对某种情绪状态感到熟悉，会促使我们一直停留在这种情绪状态中。[4] 如果我们总是感到悲伤或焦虑，就会对悲伤或焦虑更加熟悉，这种熟悉会产生一种惯性，就像早晨的例行活动或

通勤路线般，吸引我们回到悲伤或焦虑的状态。稍微脱离这种状态，都令人感到不熟悉，也许还会害怕，甚至引发焦虑。从生存的角度看，这是有意义的：如果我们在一片未知的领域行进，在还不知道这里是否安全时，就不得不保持警惕。别忘了，不是所有的习惯都是坏习惯，只有那些妨碍或拖慢我们、对我们前进没有帮助的习惯，才算是坏习惯。

我们可能对心理习惯回路产生心理认同，甚至是身份认同（即我们认为自己是谁）。一位"给焦虑松绑"手机应用的早期测试用户曾给我写过如下电子邮件：

> 对于"我是个焦虑的人"这个想法，给它"松绑"的方法与"我有一个焦虑的想法"一样吗？我正在学着运用这些技巧来应对那些条件反射型的痛苦：忙碌日子里的焦虑、赶不上截止时间的压力、即将来临的事件的压力……最令我挣扎的，是那种关于我认为自己是谁的焦虑，它被包裹在一条叫作"不够好"的密不透风的毯子里。焦虑深深地刻进了我的骨子里。

这种感受就像焦虑是她自我的一部分，被刻进她的骨子里，以至于她无法把焦虑跟自我区分开来。

用正念消解持续性思维

如果研究者和临床工作者能够发现和理解人们的行为和大脑活动之间的关联，就能找到明确精准地作用于这背后的运作机制的方法，从而更有效地帮助人们获得真正持久的改变。作为一名临床医生，我认为让我的患者生病的首要因素是他们的持续性思维。这种思维方式通常已经深深地扎根于他们的大脑，让他们将自我等同于自己的习惯："我是个烟鬼""我是个焦虑狂"。对我的患者来讲，持续性思维习惯回路的危害显而易见，而正念恰好可能有所助益，因此，作为一名临床医生和研究者，我有充分的理由和动机去彻底把其中的科学机制搞明白。

理论上，正念和冥想有助于我们觉察到自己的持续性思维。我们能够看到自己正在某条思维轨迹中反复卡顿，然后把自己抽离出来，同时创建更积极的新习惯，而非继续沦陷其中。（关于具体怎么做，后续章节中会有更深入的介绍。）

当我们陷入持续性思维（或渴求）时，默认模式网络就会被激活。理论上，正念可以帮助人们不陷入持续性思维习惯回路，减少人们对自己的想法的认同，因此，我们的假设是正念可能会对默认模式网络产生积极影响。

在第一项研究中，我们使用磁共振成像扫描仪来比较无冥想经验者和有冥想经验者的大脑活动差异。我们先指导新手如何冥想，然后邀请两组人躺在扫描仪里冥想。结果出乎意料，冥想者和非冥想者只有四个脑区表现出了活动差异——其中两个脑区是默认模式网络的主要中枢。[5] 没错，有经验的冥想者们的默认模式网络要平静很多。

这是这个领域内的新发现。我们重复了实验以确保实验结果可靠，结果也确实如此。我们甚至做了好几个实时神经反馈实验，确保我们观察到的默认模式网络未启动状态跟被试的主观体验一致（即他们正在观察自己的想法、情绪和渴求，而非陷入其中）。[6]

不过，只有与现实世界的行为变化联系起来，才能真正证明我们准确识别和锁定了特定神经网络。于是我的实验室开始探索能否使用正念训练手机应用帮助人们戒烟，并观察这种训练能否改变默认模式网络的大脑活动（这里我们特别关注其中的后扣带回皮质）。我们在美国国立卫生研究院的资助下开展了一项研究，比较我们研发的正念手机应用"烟瘾退"（Craving to Quit）[一]和美国国家癌症研究所（National Cancer Institute）的手机应用"戒烟指南"（QuitGuide）的戒烟效果，后者使用了非正念干预策略，如健康教育信息等。我们在被试接受治疗前扫描了他们的大脑，治疗后一个月再次扫描，看看后扣带回皮质的大脑活动变化能否预测他们吸烟减少的程度。[7] 研究发现，在"烟瘾退"被试群体中，后扣带回皮质活动减少与吸烟行为减少之间存在很强的相关性，但在"戒烟指南"被试群体中没有观察到类似的相关性。[二]

我们发现自己的理论是正确的：正念能改变大脑活动，并能与临床成果相关联。这是转化研究，即打破所谓"从实验台到病床"（bench to bedside）屏障的一个成功范例。转化研究的理念，是把实验室内的研究设想、概念和基础研究问题转化到临床治疗方案中，引发现实环境中的行为改变。在这方面，我们还有很长的路要走，尤其需要针对行为改变的长期效果开展大规模研究。不过现在，我们已经可以着手进行这一类研究了，因为我们对正念的工作机制已经有了更深的了解。我们已经可以解释为什

[一] 此处英文直译是"渴望戒烟"。——译者注

[二] 此句原文似有过度省略。通过反复确认上下文，推测相关性指的是"后扣带回皮质活动减少"与"吸烟行为减少"之间的，所以在译文中补全。——译者注

么正念训练对抑郁和焦虑最有效：因为它直接作用于二者的共通之处，即持续性思维。抑郁患者的持续性思维执着于过去，焦虑患者的持续性思维执着于未来。无论执着于什么（过去或未来），正念都能介入其中，消解持续性思维过程。因此，英国国家医疗服务体系已经将正念训练（即正念认知疗法）列入抑郁症的一线治疗方案。

希望本章已经帮助你更好地理解了正念是什么，以及它怎样具体地作用于你大脑的习惯回路。更重要的是，你可以根据这些知识开始进行尝试。一旦你掌握了自己的主要习惯回路，就可以看看在一天中你能多细致地观察到它们，数一数它们占据大脑"上演清单"榜首的次数。你是否能图示出一些具体的持续性思维习惯回路？你能否数出它们在大脑中"上演"了多少次？哪些回路成功登上了榜首？

第 9 章

你的正念人格类型是什么

单细胞生物（如原生动物）的生存机制是简单的二元机制：靠近营养物，远离毒素。海蛞蝓虽然拥有了略微复杂的神经系统，生存机制仍然大同小异。

人类的行为是否也能用类似的"靠近-远离"生存策略来解释呢？比如，面临危险或者威胁时，你可能选择迎面战斗，或转身逃跑，或原地僵住（希望危险的天敌看不到或闻不到你）。战斗、逃跑、僵住这三种反应，是我们所有人面临危险时的自动化应对策略。回想上一次有人朝你大呼"小心！"或你听到一声巨响的时候，你迅速地让开疾驰而来的汽车，在听到巨响时低头闪避，或在灯光突然熄灭时定在原地——反应速度之快可能连你自己都大感惊讶，而做出这些反应全都无须思考，也来不及思考。在安全受到威胁时，大脑和神经系统中更原始的部分会自动接管一切（谢天谢地！）。正如用思考坏习惯的方式无法改变坏习惯，同样，用思考危险的方式来脱离危险也太冒险了，因为此时需要的是快速行动。当危险临近时，你需要的是神经反射级别的反应速度，而思考太慢了。这些反射般的本能反应，能用来解释我们人格中一些惯性的部分吗？

三类人的行为倾向

几年前，我们的研究团队在一本公元 5 世纪的"冥想手册"——《清净道论》中看到，我们的倾向、习惯行为和心理人格特质，或多或少都可以归入战斗、逃跑、僵住这三类。[1]为什么手册的作者要不厌其烦地阐述这一点呢？因为他可以以此为依据，为冥想者提供个性化建议，并帮助他们改变习惯行为模式。这可能是对现今常说的"个体化医疗"的最早描述——对"症"下"药"。

更重要的是，该手册的作者无法通过现代化设备，如心率血压监测仪、功能性磁共振成像扫描仪和脑电图机，来测量人的生理和大脑活动。他依靠的是他能观察到的，如一个人吃的食物类型、行走或穿衣的状态等。以下是《清净道论》中描述的辨识方法：

> 通过仪态、行为，
> 通过饮食和所见，
> 通过当下呈现的状态，
> 就可以识别性情。㊀ [2]

㊀ 此部分《清净道论》汉语原文：威仪与作业，而食及见等，于法之现起，辨知于诸行。——译者注

他的观察结果是，人的行为倾向总体可分为三大类，这与现代科学的研究结果惊人地一致，如下所示。

第 1 类：靠近（或战斗）型
第 2 类：回避（或逃跑）型
第 3 类：既不靠近也不回避（僵住）型

让我们展开来讲一讲。

想象你正走进一个宴会。如果你是第 1 类人（靠近型），你可能会惊叹于宴会上的美食，并开始兴奋地与朋友攀谈。相反，如果你是第 2 类人（回避型），你可能会先评价一下食物或来宾，而在晚些时候，你可能会在讨论中，因为某个话题的细节或准确性而跟人争辩起来。如果你是第 3 类人（既不靠近也不回避型），你更有可能顺其自然，跟随别人。

最近，我们的团队对此的研究有了新的进展。我们发现，手册中描述的行为倾向与现代的基于奖赏的学习机制非常吻合——靠近（或战斗）、回避（或逃跑）、僵住。靠近型的人（第 1 类）可能更容易被正强化行为所驱动。回避型的人（第 2 类）可能更容易被负强化行为所驱动。既不靠近也不回避型的人（第 3 类）可能居于前两者之间，既不容易被愉悦情境正强化，也不容易被不愉悦情境负强化。

鉴于上述分类和当代科学如此吻合，我们按照现代标准设计了一个量表，并且用心理测量学研究方法来验证这个行为倾向测验。这个测验适合每个人（只须回答 13 个问题）。

☀ 行为倾向测验

请对下列选项符合你的日常行为的程度(不是你认为你"应该"如何表现或者在某个特定情况下你"可能"会如何表现)进行排序。尽量按你的第一反应作答,不要反复思考。在最符合你的选项前面写"1",其次符合的选项前面写"2",最不符合的选项前面写"3"。

(1)如果我计划办一个聚会,_____
  1)我希望热热闹闹,有很多人参加。
  2)我希望只有几个特定的人参加。
  3)会到最后一刻才确定下来,且形式灵活。

(2)关于打扫房间,我会_____
  1)对把房间打扫干净感到自豪。
  2)一眼就能留意到问题、瑕疵或者不整洁的地方。
  3)不太能注意到,也不太介意房间的杂乱。

(3)我倾向于把住处布置得_____
  1)很美。
  2)井井有条。
  3)乱糟糟却有创意。

(4)工作时,我会_____
  1)很有激情,充满活力。
  2)确保每件事情都精确无误。
  3)考虑未来的各种可能或畅想前进的最佳方案。

(5)和人交谈时,我可能表现得_____
  1)热情亲切。

2）理性务实。

3）达观超然。

（6）我穿衣风格的不足之处可能是_____

1）奢靡颓废。

2）乏味。

3）不搭或不协调。

（7）总体来说，我的行为举止_____

1）开朗乐观。

2）利索干练。

3）漫无目的。

（8）我的房间_____

1）装饰丰富。

2）井井有条。

3）乱。

（9）总体来说，我常常_____

1）对事物有强烈欲望。

2）挑剔，但思路清晰。

3）沉浸在自己的世界里。

（10）上学时，我以_____著称。

1）交友广泛。

2）聪明好学。

3）爱幻想。

（11）我的穿衣风格通常是_____

　　1）时尚、有魅力。

　　2）整洁又利落。

　　3）轻松随意。

（12）我给人的印象是_____

　　1）热情亲切。

　　2）严密周到。

　　3）心不在焉。

（13）当别人热衷于某件事时，我会_____

　　1）跃跃欲试，想要投身其中。

　　2）常常持怀疑态度。

　　3）自行其是。

现在把每个选项之前的数字加在一起，得出选项1、选项2和选项3各自的总分。得分最低的选项就是你最明显的行为倾向。

选项1＝"靠近型"；选项2＝"回避型"；选项3＝"既不靠近也不回避型"。

比如，如果你在选项1的总分为18，选项2总分为25，选项3总分为35，那么你更有可能是"靠近型"。

你可以把行为倾向测验看作一个正念人格测验。希望它能对你的日常生活有帮助。通过更清楚地看到并理解你的日常行为倾向，你可以更加了解自己，更加了解你对自己的内部、外部世界的惯性回应模式。你还可以更加了解你的家人、朋友和同事的人格类型，学习如何与他们更和谐地在一起生活和工作。

发挥不同人格类型的优势

你越是顺应你的人格类型来行事，就越能利用你的惯性倾向所具备的优势。比如，一个"靠近型"倾向明显的人，在市场营销或销售方面可能会做得很出色。给"回避型"的人分配对精确度和细节性要求高的工作，他们可能会如鱼得水，因为这样的人喜欢花时间和精力把事情弄清楚。一个"既不靠近也不回避型"的人，在头脑风暴中或大项目的初始阶段，最有可能提出创造性的点子。

同时，理解你的惯性倾向，还能帮助你获得人性层面的成长，避免不必要的困扰。比如，如果你是"靠近型"，你可以图示出自己生活中相应的习惯回路——容易走极端，或者索求无度让事情变得更糟（如：过度进食、在朋友关系中容易嫉妒等）。如果你是"回避型"，你可以留意自己过度评判（自己或他人）、过于关注细节以致损害大局的行为。如果你是"既不靠近也不回避型"，你可以重点提升对这样一些情境的觉察：在需要做决定时退缩，为了避免冲突而附和他人。

以下是对每种人格类型的简述。记住，它们只是倾向，不是标签。通常情况下，人们会有一种占主导地位的行为倾向，而在具体情境中，可能又会更贴近某一种或另一种倾向。例如，我和我妻子的主导人格类型都是回避型，这也许能解释为什么我们都是学者：我们喜欢花时间质疑前提和理论，研究和解决问题。我们的次要人格类型都更贴近靠近型，而非既不靠近也不回避型。

因此如果我们中的一方遇到情绪困扰或某天过得很不顺利，另一方就会陪在身边，保持乐观并鼓励对方，而不是继续评判、火上浇油。

事实上，了解我们的行为倾向能帮助我和妻子更清晰地看到自己的习惯模式。如果我的妻子碰巧告诉我在工作中和同事发生的事情，而我又习惯性地开始评判那个人，这时她就会温和地指出我落入了评判的习惯回路，让我就能后退一步，看得更清楚。

靠近型：

你通常会表现得乐观、热情亲切，甚至可能很受欢迎。在日常事务中你表现得镇定、思维敏捷。你更容易被愉悦的事物所吸引。你全情投入你所相信的，你热情的天性让你在人群中广受欢迎。你的姿态通常是自信的（也就是说你走路时昂首阔步）。有时候你可能会有些好大喜功。你渴求愉悦的体验和舒心的陪伴。

回避型：

你通常会表现得思路清晰、辨别力强。你很聪明，善于用逻辑眼光看待事物，并且识别出其中的瑕疵。你能够很快地理解概念，做事有条不紊、又快又利落。你注重细节。你的姿势可能有些僵硬（也就是说，你走路时匆忙而拘谨）。有时候你可能会注意到自己有些过度评判和挑剔。你留给他人的印象是一个完美主义者。

既不靠近也不回避型：

你通常情况下比较随和、宽容。你能够思考将来，推测各种事情发生的可能性。你的思考深刻而富有哲理。有时候你可能会陷入自己的想法或幻想。当你任由思维漫游时,有时会产生对事物的怀疑和担忧。有时你可能发现自己很容易附和他人的意见,甚至太容易被说服。你可能注意到自己相比他人来说有点儿缺乏条理,有时候显得恍恍惚惚的。

你越是了解头脑的运作机制,就越是能更好地应对它。你对自己的行为倾向探索越多,就越能利用自己的优势,并从这些倾向带给你的挫折中学习和成长。

这些行为倾向可以帮助你看清自己容易落入的惯性陷阱。觉察自己的行为倾向,对成功改变习惯大有裨益,因为若是看不到它们,你就无法改变它们(包括放下无益的行为倾向,巩固有益的行为倾向)。我的一位患者这样描述:当她卡在自我评判的习惯回路中时(如"那太蠢了。我怎么会做这么蠢的事?"),就简单地跟自己说,"噢,我的大脑又在运作了",这能帮助她避免将一切归咎于自身。

当你继续阅读本书时,把你自己的行为倾向(或许不止一个)记在心里,看看能否在应对焦虑和改变习惯过程中充分利用自己的优势。当你的一些习惯行为倾向开始给你制造麻烦时,看看能否从中走出来。现在,你也许感觉对图示自己的头脑已经相当擅长了,准备好进入下一步了吗?让我们进入本书第二部分。

Unwinding Anxiety
第二部分

二挡:更新大脑的奖赏值

1. 你必须允许痛苦造访。
2. 你必须允许它给你上一课。
3. 你不能让它赖在这里不走。
—— 苡若玛·恩梅彬忧(尼日利亚诗人)

第 10 章

大脑是怎样做决定的

顽固的拖延或恐惧的焦虑习惯回路

在困扰人们的各种焦虑习惯回路中,拖延也许是最令人沮丧的之一。为什么像拖延或恐惧这样的焦虑习惯回路会如此顽固呢?有一种担忧常常导致拖延,那就是对失败或缺点的恐惧。在我的焦虑干预项目中,有一位成员是这样说的:

> 最令我痛苦的是"担忧回路",担忧的想法和自我批评组成的"美味套餐"让我的焦虑急剧增长。这种恶性循环带给我的最严重后果之一,就是拖延。比如现在,我就在拖延……

另一位成员这样描述自己的习惯回路:

整个上午的时间,我又一次被困在回避回路中。打开任务要做,却点开了社交媒体,浪费半个小时。刚回到任务,又拿起了手机,"就玩一局"手机游戏,浪费1个小时。逃避的"奖赏"是,我暂时不用面对进度落后的不舒服感受,还有太多事没做的不舒服感受。游戏或社交媒体带给我暂时的麻醉,让我躲开了那些感受。

❋ 触发物:开始工作
❋ 行为:在手机上玩游戏(也就是拖延)
❋ 结果:回避,失去1小时工作时间

我们都能看到其中的讽刺之处:暂时回避对"进度落后的不舒服感受",实际上导致了她的进度更加落后。她继续说:

过去的15年里,我一直在尝试各种工具和技术。每天有5个不同的应用程序和订阅服务帮我跟踪时间,在特定时段内屏蔽各种网站和应用程序。我的手机几乎7×24小时保持勿扰模式。然而我真正在寻找的,是关于如何应对相关情绪反应的指导,因为从根本上说,不管我采用什么工具和技巧,只要我真的想拖延,我总会拖延。我总会找到绕过工具和技巧的办法。

在这个项目里,我试图探索的是怎样跟深层的欲望互动,或者更准确地说,与深层的恐惧互动。它们是焦虑的原因所在。我的个人探索工作已持续多年,既包括自我探索,也包括定期会见心理治疗师,这些工作的重点在于确保我正在做的事情是我真心想做的。问题是，我仍然在经历已经持续数十年的严重、深刻的恐惧——害怕自己不够好，害怕被拒绝，等等（不幸的是，所有这些我害怕的情况都确实发生过）。无论我想做某件事的程度有多么强烈，当恐惧涌来时，我总是掉入回避回路，只求暂时纾解。如果技巧和工具就是答案的话，那我早该攻克这个难题了，毕竟我全都试过了。这么多年来，生活中不知道有多少人曾经跟我说："没啥，发掘你的意志力潜能，放手去做就好了！"真想问问这些人是怎么想的——你们认为我没想过吗？还是觉得我只是缺乏坚韧的品格？无论是这两者中的哪一个答案，对我都没什么帮助。

她不但被拒绝进入高端意志力俱乐部（这个俱乐部成员极其稀少，也许只有我的朋友艾米丽，还有《星际迷航》里极度理性的外星人斯波克先生才能加入），而且在过去数十年里，都没有人教给她行为改变的关键在于奖赏值，以及它是怎样在大脑中发挥作用的。

为什么大脑更喜欢蛋糕而非西蓝花

这可不是一句"蛋糕更美味"就能回答的。真正的答案，能让我们深刻地明白自己为何会做出某些行为，以及怎样才能打破各种坏习惯，无论是压力进食（stress-eating）还是拖延。

我们先从大脑养成习惯的原因和方式开始。这里要重温一些第3章的内容。原因其实很简单：习惯帮大脑腾出了空间，以便大脑学习新东西。然而，不是每个动作都能成为习惯。你的大脑必须选择将哪些行为变成习惯,哪些行为不再重复。请记住,习惯形成的基础是行为的奖赏性。实施一个行为带来的奖赏越大,相应的习惯就越牢固。

这一点很重要,所以我要重复一遍:实施一个行为带来的奖赏越大,相应的习惯就越牢固。

事实上,我们的大脑依据奖赏值为行为设定了等级。大脑会为获得更高的奖赏值付诸行动。从神经生物学的角度看,这可能跟我们首次学习这项行为时用来启动大脑奖赏中心的多巴胺分泌量有关。这个机制,可以一直追溯到大脑的由来:大脑是我们从穴居人祖先那里遗传而来的,初始设定就是要获取尽可能多的热量,以保障生存。举例来说,糖和脂肪都包含了丰富的热量,所以我们吃蛋糕的时候,大脑的一部分就会想:"热量——生存!"这就是我们喜欢蛋糕胜过西蓝花的由来。德国马克斯·普朗克研究所做的一项研究发现,进食过程中,我们的大脑会经历两轮多巴胺分泌高峰:第一轮是在品尝食物的时候,第二轮是在食物进入胃部的时候。[1]我们的大脑会记住哪些食物更有奖赏性(热量更高 = 奖赏性更高),这就是我们的父母从来不会在晚餐结束前,就把甜点端上来的原因。要是让我们随意选择,恐怕蔬菜还一口没吃,蛋糕就已经撑饱肚子了。

奖赏值不只跟热量有关,我们的大脑也习得了人、地方和事物的奖赏值。回想一下你从小参加过的所有生日聚会,大脑会把所有信息——无论是蛋糕的味道,还是你跟朋友们欢聚的快乐——都结合在一起,形成一个综合的奖赏值。

脑科学研究已经把奖赏值定位到了一个叫"眶额叶皮质"的

脑区（见图 10-1）。眶额叶皮质像是大脑里的一个十字路口，情绪、感觉和过去的行为信息，在这里得到整合。² 眶额叶皮质收集所有这些信息，将它们汇聚成组，设定为某一项行为的综合奖赏值，以便在未来快速读取某"一组"信息。

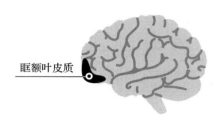

图 10-1　眶额叶皮质在大脑中的位置

成年之后，当你看见一块蛋糕时，你不必重新了解它的味道，也不必记住以往吃蛋糕的任何乐趣；相反，你小时候学到的那种联系会立即发挥作用。吃蛋糕让你感觉很好，并触发自动和习惯性的反应。³ 你可以把习惯的习得，看成是一种"设定并忘掉"的过程——设定奖赏值，忘掉细节。

这也是为什么积习特别难改。

如果你想改掉一看见蛋糕就自动全部吃光的习惯，也许就会有人告诉你，拿出意志力，别吃就好了。然而，你真的能通过这种思考的方式来戒掉蛋糕吗？这种方式也许有时会奏效，但更多的时候，长远来看，还是会失败，因为这根本不符合大脑的运作规律。

要改变一项行为，你不能只聚焦于行为本身。相反，你必须着力于代表该行为奖赏的切身体验。假如我们只凭思考就能摆脱一项习惯，那就太好办了，我们只要告诉自己别抽烟了，别吃蛋糕了，别在压力大的时候冲孩子大喊大叫了，别再焦虑了……然后瞬间改变就能实现！可惜事实并非如此。要改掉一个习惯，唯一可持续的办法是刷新它的奖赏值（这也是为什么习惯也被称为"基于奖赏的学习"）。[4]

觉察：刷新你的奖赏值系统

那么，我们怎样才能刷新奖赏值，并改掉担忧、拖延和其他坏习惯呢？说来也简单：觉察。

我们需要给大脑提供新信息，以便它能够确认，以前习得的奖赏值现在已经过时。对当下行为的结果加以注意，可以让大脑从习惯的自动导航中脱离出来，确切地看见和感受此时此刻对你而言这项习惯的奖赏性有多高（或者有多低）。这项新信息重设了旧习惯的奖赏值，让更好的行为在奖赏值系统中跻身前列，并最终成为新的自动模式（在习惯回路三部曲的第三部分还会有更多介绍）。

举个例子吧。我不需要告诉患者他们应该逼自己戒烟，或者吸烟对他们有害——他们从看到钟爱的"万宝路汉子"得了肺气肿的那一刻起，就已经知道了（事实上，在万宝路广告代言人当中，至少有四个死于慢性阻塞性肺病）。我也从来没碰到哪个患者是为了让自己多抽点儿烟才来找我的。道理谁都懂，因此我会带患者直奔重点：直接体验。我教他们在抽烟的时候留意抽烟的体验本身。

大多数人是在十几岁时初次抽烟，所以他们已经为烟卷设定了一个稳固的奖赏值：成为学校里的酷仔靓妹，敢于反叛父母，等等。我让他们在抽烟时加以注意，看一看抽烟对他们而言，在当时当刻的奖赏性是怎样的。做这个练习的一位女士报告说，烟卷"闻起来像是发臭的奶酪，尝起来像是化学品，真恶心"。

有没有留意到，她是怎样加以注意的？并不是思考"抽烟对我有害"，而是在抽烟的同时，把好奇和觉察带入抽烟的体验之中——留意烟卷燃烧的气味，细品其中的化学物质。当你真正加以注意时，抽烟的味道是很糟糕的。焦虑也是一样，从来没有哪位患者是嫌自己还不够焦虑而来找我的，也从没有谁请我开药让他们更焦虑。焦虑的体验很糟糕。

这种觉察，对于你重设大脑中的奖赏值至关重要，而重设奖赏值可以帮助你脱离那个习惯。

这正是二挡的本质。

你有没有过下面这种经历？

在结束漫长一天的学习或工作后，你回到家。或许这一天你很辛苦，仍然感觉有压力，又或许你只是累了。这会儿还没到晚餐时间，但你走向厨房去找零食。你抓起一袋薯片或者巧克力条，不知不觉就吃起来，边吃边坐着看电视，查收电子邮件，或者打电话。

等到你反应过来，半袋薯片已经不翼而飞，同时你可能还感觉饱胀和轻微的不适。

让我们图示这个过程。

- ✱ 触发物：一天中的某个时间、压力、饥饿，等等
- ✱ 行为：无意识地吃零食

* 结果：嗯？薯片味道怎样？我没注意……

千真万确，这就是为什么那些讨厌的旧习惯顽固难解。还记得前面说的"设定并忘掉"吗？在你的大脑中，边看电视边轻松吃薯片的所有经历，都被合并成同一项奖赏值：薯片 + 电视 = 放松。从你进门那一刻起，像僵尸一样无意识地吃东西的行为就被触发了。除非你就在那个当下加以注意，否则奖赏值"解压"将永远得不到刷新，所以你当然会一次又一次地重复这种行为，还搞不懂为什么对自己喊停也不管用。

我们已经知道，顾名思义，基于奖赏的学习是建立在奖赏基础上的。行为带来结果，而结果驱动未来的行为。假如某项行为富含奖赏性，你会再来一次；假如缺乏奖赏性，便偃旗息鼓。动物行为学家们则称之为"正强化"和"负强化"（有时也称之为"强化学习"或"操作性条件反射"）。

无论你用哪个名字来称呼此过程，只要你想改变它，就必须揪住大脑那个叫作眶额叶皮质的小鼻子，在大脑自己拉的便便里蹭一蹭，这样它才能清清楚楚地闻到某些行为实际上有多臭。这就是大脑学习的方式。只要奖赏值没变，行为也不会改变。只有在你带入觉察，面对并且看清实际的奖赏值时，奖赏值才会改变。这不是你 5 岁或 13 岁时设定的奖赏值，那个时候，就算你一口气吃下整袋的薯片，然后再去游泳也不会抽筋。我说的是只有在当下去面对并且看清你生活中的奖赏值，你才有机会按下那个重设奖赏值的大红按钮。

就在你逮住大脑那众所周知的小鼻子，放在你臭名昭著的小习惯上摩擦时，神奇的事情发生了：你开始对旧习惯行为感到幻灭——这就是祛魅（disenchanted）。我不想让你忽略这一点，所以这一次要以稍微不同的形式重复一遍，并以加粗强调：**如果你真正仔细密切地加以注意——不做任何预设，也不依赖于过去经验的指导——并且看到一项行为在此时此刻缺乏奖赏性，那么我向你保证，你会开始对重复这项行为慢慢失去兴趣。**

这是因为大脑会依据你提供的最新信息来刷新奖赏值（这里是指关注当下的感受）。随着奖赏值改变，你的眶额叶皮质也会重新洗牌，变更奖赏等级。在那张"一触必发"行为清单中，奖赏性变低的行为，优先级也就此下降。你清楚地看见（并且感受到），它带来的奖赏不如记忆中那样大，所以未来你做这件事的兴致也下降了。

祛魅：圣诞老人掉马甲

就像一个小孩把圣诞老人的胡须猛然拽落，第一次意识到这不过是个身着红衣、蓄着假须的男人，才知道所谓的圣诞老人根本不是真的。同样，当你足够仔细地留意行为带来的结果，引发眶额叶皮质中的奖赏值得到刷新，你就再也无法对这种改变视而不见。一旦你知晓了真相，就走不了回头路，就无法再相信圣诞老人的真实性了。

一旦你充分觉察到，拖延只会导致任务进度愈加落后，摄入一整袋心爱的薯片只会带来肠胃饱胀感和糟糕的情绪状态，你同样也无法回头，无法假装没有这些感受。

每次对自己的行为加以注意，都让你对该行为的实际效果更明察秋毫。假如你留意到薯片吃多了会让你感觉糟糕，那么以后对吃完整袋薯片的兴致就会减弱。这并非因为你强迫自己不吃，而纯粹是因为你还记得上一次这样做的实际体验（以及上上次、上上上次、上上上上次……）。这一点，同样适用于担忧、拖延以及你多年来习得的任何一种焦虑习惯回路。

面对大脑基于奖赏的学习系统，这是一个相当利落的破解方式，而且它跟意志力毫无关系。现在，你了解了自己的大脑是如何运作的，于是你可以驾驭大脑，而非让它来驾驭你。

二挡：祛魅的礼物

二挡就是对你的行为的结果加以注意。

这是基于奖赏的学习过程，也是俗话说的"因果"。

当你识别并绘出了自己的习惯回路（一挡），准备进入二挡练习时，问自己下面这个简单的问题："我从这个行为中得到了什么？"

要回答这个问题，需要你仔细地留意某个行为的后果，即实际的、内在的、身体层面的感觉、情绪和想法。

特别警告：这并非认知层面的训练。不要落入陷阱，即在大脑层面理解奖赏估值过程之后，试图通过"想明白"来摆脱坏习惯、进入好习惯。如果你曾试图改掉吃零食的习惯，很可能有过这样的体会。

- 触发物：一天中的某个时间、焦虑、压力、饥饿，等等
- 行为：告诫自己不该吃零食。5分钟过后，你注意力分散或者意志力崩溃，还是不知不觉地吃了零食

* 结果：感觉很糟糕。谴责自己不该这样做

虽然思考对于决策和计划确实很有帮助，但我们经常高估了大脑的思考功能。请记住，这是你大脑中最羸弱的部分，你不能指望它干重活。让它负责有趣的、需要创造性思考的部分就行，至于实际的行为改变，就交给重量级的角色（眶额叶皮质，以及大脑中与基于奖赏的学习有关的其他部分）吧。怎样让肌肉发达的家伙遵从你的差遣呢？为他雇个重量级教练或培训师。教练可以帮助他看到，举重练习会帮他变得更强壮，那他自会心甘情愿地训练。这里觉察就是你的大脑教练。

所以，如果头脑开始把这种训练变成认知层面的思考活动（试图通过"想明白"来摆脱担忧、过度进食或其他坏习惯），你只需要留意到这一点，也许还可以把习惯回路图示出来（参照上面的例子）。然后问问自己："我从这当中得到了什么？"不是认知层面的探讨，而是对体验的觉察。

在问自己这个问题时，先将头脑里的思考搁置片刻，然后让觉察进入观察模式，留意你的身体正在发生什么。这里觉察对大脑的训练是非常直接的。很明显，满满一袋薯片吃下去，不会有助于你的马拉松准备性训练，也无法帮你降低血压。如果你拖延，任务就完不成——事实恰恰相反，拖延会加重截止日期的时间压力。觉察，它是祛魅这个礼物的藏身之所，就在树下等待着你来打开。你若想打开礼物，就必须联结当下。⊖

准备进入祛魅的领域了吗？让我们开始吧。

⊖ 此处的"礼物"和"当下"在原文中是同一个词（present）。——译者注

既然你已学会了训练大脑的核心要义，不如这就试一试，看能不能上手。看看你现在能否开始二挡驾驶：先图示一个习惯回路（焦虑或其他习惯都可以），然后切换到二挡，即聚焦于行为带来的结果。把觉察带入你的切身体验中，并聚焦于这个问题："我从中得到了什么？"只是让这个行为进入脑海，然后开始体会行为的结果带来怎样的感受。

第 11 章

空想无用：戴夫的故事 2

看清行为和奖赏之间的因果关系

上次见到戴夫时，我给他布置了作业，让他尝试图示跟焦虑有关的习惯回路，并提供了我们开发的"给焦虑松绑"正念训练手机应用来作为辅助。具体来说，图示作业要聚焦于行为和奖赏之间的因果关系。他必须亲眼看到自己的习惯行为实际上非常缺乏奖赏性，才能够取得显著的进展。实际上，在他首次就诊时，我就向他说明了一挡和二挡练习如何操作。

在科学领域，基于奖赏的学习理论已被证明是最强大的学习机制。那么，如果能驾驭这种力量，用养成旧习惯的方式来改掉旧习惯，岂不是事半功倍？何不聚焦于行为的奖赏性高低——假如奖赏性高，就继续做；假如奖赏性没了，就停下来——这样没问题吧?这个逻辑听起来很简单,实际上也不复杂。不过,这里仍然很容易掉进我在上一章里提到的"思考的陷阱":也许你明知道某件事对自己有害,但只是"想明白"并不足以改变行为。思考的力量不够强大。改变奖赏值,才能调动真正的大力士来为你举最重的铁。而奖赏值不会自行变化,除非它的教练(觉察)帮助它清晰地看见什么才是(或不是)值得它举的铁。恰当的大脑训练可以相当迅速地改变旧习惯,不过仍然不是瞬间就能完成的事(关于这一点,后面还会有更多介绍)。

戴夫几周后来复诊时,有了肉眼可见的变化。还没坐定,他就兴奋地告诉我,练习给他带来了哪些变化。

"我画出了焦虑的习惯回路,"他说,"哪怕只是知道焦虑是怎样自我驱动的,就已经让我感觉好多了。这个手机应用正在帮我学会应对焦虑。"

"不错嘛,"我心想,"他在一挡上跑得很有信心。"

然后他笑着说:"对了,我还减掉了超过6千克。"

"什么?"我惊讶道。

"我看清楚了,用吃东西来应对焦虑并没有缓解焦虑。实际上,吃东西让我感觉更糟,因为一想到体重我就抑郁了,"戴夫说,"一旦看清楚这一点,也就是吃东西并不能解决焦虑,就很容易停下旧的饮食习惯了。"

这是一个把科学理论应用于行动的绝佳范例。戴夫正在学习怎样调动觉察,觉察不仅让他能图示旧习惯的回路,更重要的是,让他通过亲身体验来看见、来感受到以吃东西应对焦虑的习惯是多么缺乏奖赏性。以前,他的眶额叶皮质一直告诉他,(相比焦虑而言)吃东西的奖赏值可高了。直到他仔细地观察这个"奖赏"时,才清晰地看到,这根本就不是什么奖赏。有了这种觉察,他的眶额叶皮质不但刷新了信息,而且能依据新信息做出行动。他开上二挡了!觉察在指导着他(和他的眶额叶皮质),沿着正确的方向前进。

在之后几个月里,我和戴夫每两周见一次,以确认他的进展,并给他提示在应对焦虑时需要关注的领域。截至我写这一章时(治疗进行了约 6 个月),他已经减掉了 44 公斤(而且还在继续),他的肝脏不再像一摊肉酱,睡眠窒息问题已经解决,血压也恢复到了正常水平。

转变不限于此。

最近有一天,我在布朗大学公共卫生学院教完一堂(我最喜欢的)习惯改变课后准备离开。学院大楼位于罗得岛州普罗维登斯的南大街上。我正走在人行道上,突然间,一辆车放慢了速度,停在我旁边。司机摇下了车窗。

"嘿,贾德森博士!"戴夫喊道,脸上笑容灿烂。

我简直震惊了——戴夫在驾车?还是在主干道上驾车?这可是那个讨厌高速路的家伙。

"没错,我现在做优步(Uber)⊖司机呢,"他说,"我正在去机场的路上。"说完,他就高高兴兴地开走了。

⊖ 优步是一家网约车平台。——译者注

仅仅通过理解头脑的运作、系统地观察习惯回路（一挡），戴夫就成功创造了一场惊人的自我转变，然而这还不是故事的全部。他还设法破解了自己基于奖赏的学习机制，并利用这个机制，让自己真正坐回了驾驶座（二挡）。

戴夫的故事堪称神奇。不过，二挡并不总是这么容易。事实上，很多时候，如此密切地关注旧习惯带来的"结果"，是件不折不扣的苦差。我们对祛魅的过程（也就是二挡练习本身）也可能会"下头"，从二挡切到倒车挡，溜之大吉。为什么会这样呢？

摆脱习惯需要大脑看清奖赏性的不足

我们的大脑已经进化出一种本能，即尽可能减少我们不得不忍受的痛苦。从生存角度看，这是有意义的。假如你摸到一个热炉子，就会感到烫，并且反射性地缩回来，这可以保护你免于烧伤。

世界上充斥着各种灵丹妙药，不断诱惑你逃离痛苦、舒舒服服。衣服、汽车、药丸、体验……所有这些都被包装起来，打着整齐的小蝴蝶结："缓解你的疼痛""让你舒舒服服"或者"帮你忘忧解愁"……然而，如果你一直待在舒适区，就永远不会成长。生活会给你制造各种挑战，你要么回避它们，用衣服、药物来养成沉溺、转移注意力、麻醉自己的习惯，然后越陷越深；你也可以学会跟困难周旋，甚至直面它们，从困难中成长（下一章对此有更多探讨）。

另外，二挡可能会让你觉得漫无尽头。你看穿了旧习惯，并很快意识到它并无益处，然后你会想，既然都把这一切看得这么清楚了，为什么还是没有任何改变。在我的门诊和习惯改变项目中经常能看到这种情况，焦虑性担忧（一种显然没有奖赏性的习惯回路）这个人群尤为明显。他们图示出习惯回路，并反馈担忧并没有给他们带来任何好处，只会让人更焦虑。然后他们问，为什么担忧还是停不下来？很明显，他们已经看到自己的行为没有奖赏性，并且纳闷儿旧习惯的开关怎么还没关掉。这种时候，我会问他们：担忧的习惯回路（或压力性进食习惯回路，或其他任何习惯回路）已经运行了多久？多数人会回答"一辈子了"。然后我再问他们参加这个项目多久了，常见的回答是"两周了"或者"三周了"。（听到他们自己的回答，通常就足以让他们有所领悟）。

在一个即时满足的世界里，我们很容易被训练出不耐心的习惯回路。

* 触发物：看见（焦虑、习惯、问题的）解决方案
* 行为：想让问题立刻改变
* 结果：问题没有消失，倍感挫败

仅仅图示习惯回路，以及看到习惯行为缺乏价值，并不能魔法般地化解经年累月形成的固着。这正是需要耐心的地方。是有一些习惯，相对来说松动得更快（但即使是戴夫，也花了三个月才在焦虑问题上取得重大进展）。而对于那些根深蒂固的习惯，在新习惯有能力控场之前，你的大脑需要一次又一次地看清其奖赏性的不足，旧行为才会开始停下来。换句话说，你需要开凿一条代表"旧行为缺乏奖赏性"的新的神经通路，这条通路需要被激活足够多次，经历足够时间之后，才会成为新的自动行为。

这就像是做科学实验，一千个数据点都高度一致，只有一个出现偏离，那这个数据点就会被看作异常，直到收集到更多的数据，发现这个看似离群的数据点才是最准确的。觉察可以帮你获

得最新、最准确的信息,让你能够信任新出现的数据,而不是将其作为误差而忽略。

你可能已经看出了这里的讽刺之处——旧的习惯行为是基于过时的数据,然而正因为旧,它们令人感到熟悉;正因为熟悉,所以得到了我们的信任(而变化则令人生畏)。不妨这样看待奖赏值:它是有保质期的,只在过期前的特定时长内有效。重要的是检查你的旧习惯,看看它们是不是仍然对你有用。二挡的全部意义就在于此。

就像戴夫一样,人们通过对习惯回路祛魅可以脱离回路,但他们必须要觉察到这个循环(一挡),也觉察到行为在当前的真正奖赏值(二挡),才能做到这一点。他们越是经常地唤起觉察,并感受到行为的吸引力下降(祛魅),在大脑中开凿的祛魅通路就越清晰。在练习举铁、训练二头肌时,重复是有效的做法;在强化心理肌肉时,重复同样是有效的做法。如果你在为马拉松做准备,你的教练不会让你在训练的第一天就跑二十几千米。同样,试试把心理训练均匀地分布到你的一天当中。事实上,训练大脑、改变行为的最好方法,就是让生活本身成为你的心理健身房。换句话说,在你的一天之中的任何时间使用你在本书中学到的步骤或挡位,这有助于你在实际情境中改变旧习惯,养成新习惯。所谓情境,就是你生活的场所和空间。请记住:基于奖赏的学习,完全在于积累情境记忆。

短时,多次

让日常生活成为你的心理健身房,这也有利于颠覆"没时间锻炼"的老套借口。当旧习惯冒头的时候，反正你不得不应对它，那就不妨花个几秒钟时间，图示习惯回路，然后带入觉察，去体会该习惯行为的结果。假如它从早到晚反复冒头，你就有了更多的机会来练习"心理举铁"，在一次次重复的觉察中变得更强大（旧习惯也愈加祛魅）。我把这叫作"短时多次"策略。如果你在一天中短时而多次地将觉察带到旧习惯上，就会更快、更有效地改掉旧习惯，养成新习惯。这也是为什么宫城先生让丹尼尔反复练习"上蜡"和"粉刷"，直到他筋疲力尽。他必须确保丹尼尔反复开凿重要的神经通路，直到形成运动记忆。只有这样，丹尼尔才算是做好了战斗的准备。

假如你感觉二挡练习开始失去吸引力，也许戴夫的故事可以给你一些启发，帮助你认识到这些练习虽然并不容易，但本质上很简单。

请继续保持习惯回路的练习。图示习惯回路（一挡），然后问问自己："我从中得到的是什么？"同时留意该行为带来的身体感觉、想法和情绪（二挡）。就这样，反复练习。

第 12 章

从过往经历中学习和成长

回顾性二挡

你的习惯回路拆解得怎么样了?你是否能更多地进入二挡,问自己,"我现在从中得到的是什么",从而更加清晰地看到那些旧行为的后果?你的眶额叶皮质是否正在获取新鲜的信息,来重置大脑中的奖赏值?

为了帮助你确认自己是否正走在正确的道路上,下面来看看几个其他人的例子。先从我们"食在当下"和"给焦虑松绑"手机应用的用户开始,看看他们在应用网络社群记录的日志中有什么一挡或二挡要素。

下面是第一条:

> 我本来是要往茶里加一勺蜂蜜,结果却直接把它

送到了嘴里，整整一勺的蜂蜜——当时的想法是"我都累爆了，吃点儿蜂蜜不过分"——不过蜂蜜一进嘴，我就想："啊，这怕是一点儿用都不会有。"这蜂蜜连好吃都算不上。虽然如此，我却觉得感激——能亲身体会到这"糖衣炮弹"实际上没有让我更爽，甚至连好吃都算不上。这种感觉还挺好的。

* 触发物：糖
* 行为：劫持运动神经元，把原本要加到茶里的糖送到了嘴里
* 结果：味道不好，也没有让她更开心

在看到她对自己说"啊，这怕是一点儿用都不会有"的时候，你有何看法？这是二挡吗？真的是吗？请记住我在第10章的警示——避免陷入思考。如果她只是顺着这个想法想下去，也许会努力告诫自己别吃蜂蜜，同时却作茧自缚，卡在试图以思考来摆脱行为的恶性循环里。思考模式时常"掉链子"，这一点她已经知道了。

别担心，她已经超越了单纯的思考，进入了二挡。她无比清晰地看到了事情的起因和结果（糖分的味道并不好，也没有让她更开心）。

但这还不是全部。她还写道，她对事情的发展心存感激。这是一个非常明确的信号，表明学习发生了，这本身就是一种很好的感觉。当我们学到有用的东西时，会心存感激，因为有了这些知识，我们以后重复某个不良行为的可能性就降低了。学习和进步，本身就是有奖赏性的。

另一位反馈者是这样写的：

> 我醒来时，对前一天晚上发生的事情有点儿焦虑，但我没有屈从于焦虑，而是以好奇的态度觉察那是怎样的感受。仅此一点，似乎就把焦虑程度降低了一个档次。

- ✺ 触发物：对前一天晚上的焦虑
- ✺ （新）行为：对身体感觉感到好奇
- ✺ 结果：焦虑减少

我在"行为"前面加上了"新"字，不只因为这对当事人来说是个减轻焦虑的新行为，也是强调其脱离习惯回路的能力——运用"好奇心"这个法宝（是的，这属于三挡技能了，我们会在本书第三部分进一步探讨）。现在回到这个例子。他继续写道：

> 于是我双管齐下，从正反两个方面来问自己"祛魅问题"：
> "当我对那些身体感觉感到焦虑时，我得到了什么？"
> （答案是）除了更焦虑，什么都没得到。
> "当我对自己的身体感觉和感受到的焦虑抱以好奇时，我得到了什么？"
> 焦虑减少了，我终于可以舒舒服服进入梦乡。

- ✺ 触发物：对前一天晚上的焦虑
- ✺ （旧）行为：对身体感觉感到焦虑
- ✺ 结果：看到焦虑带来更多的焦虑

这个例子很好地展示了二挡中的转变。请留意，他主动地反思自己在屈从于焦虑和担忧时,得到的是什么。他实际上并没有继续焦虑和担忧,也没有陷入其中。相反,他仅仅是图示出习惯回路,包括过去从中得到的东西。这足以让他切入三挡,开始引入一个不同的行为——好奇。

我把这称为"回顾性二挡",即在事情已经发生后,再问自己:"我从中得到的是什么?"这很重要。我之所以强调这一点,是因为这表明即使在事后,二挡练习仍然有效。我们可以从事情发生当下的情境中学习;在事后,也可以通过"后视镜"来回顾学习。这位睡眠焦虑患者能够回顾过去掉进焦虑的无底洞时的经历,从中看到焦虑对睡眠毫无帮助,这有助于他避免重蹈覆辙。有时事后反思其实是更好的学习时机,因为这时候你受到的情绪干扰比较小。先等尘埃落定,再调查损失,做好记录,然后从中学习。只要这份体验依旧鲜活,只要你依旧可以调取相关记忆和感受,你就可以一次又一次地在回顾的过程中学习,多少次都可以。

我说的鲜活(juiciness),是指能够回忆起行为所带来的身体感觉、情绪和想法的奖赏性有多高(或有多低)。这不是理智层面的分析,也不是在内心对自己指手画脚。它跟"应该"没什么关系。回顾性二挡练习只是在回顾事实,单纯注意发生了什么,奖赏性如何,而不需要添油加醋。那些添油加醋的心理评论,只会给你添乱,干扰你对场景的准确回忆,让你更难亲身联结回忆引发的切身体验。切身感受到的体验,才能向你传递最关键的信息,以便你的大脑决定该体验的奖赏性高低。只要回忆仍能保有这种鲜活性,你就可以继续从中学习。

有个例子可以确保你理解回顾性二挡的起效机制。我曾经治疗过许多有暴食困扰的人。他们来到我的诊室，因为之前的暴食行为而情绪崩溃，然后开始"应该"——"我本应该这样，我本不该那样"。这就是传说中的"应该的暴政"。

为了打破这种对"本该如何"的无益纠缠，我让患者回忆最近一次仍然记忆犹新的暴食经历。这正是回顾性二挡的精华所在：借助回忆来图示过去运行的习惯回路的结果。我让他们在回忆时无须评判自己，也就是说，单纯描述当时发生了什么（行为），以及接下来发生了什么（结果）。

在他们描述暴食场景（也许会提到他们如何失控，或进入了自动导航模式）之后，往往会描述第二天早上醒来时，那些腹胀、宿醉或者身心俱疲的感受。这正是我们的关注重点：暴食的结果，"早晨之后的部分"。那时你的身体感觉怎样？"糟透了。"你的情绪状态如何？"糟透了。"你的精神状态如何？"糟透了。"接下来我会问："现在回想起来，你学到了什么？"这里就有个例子：

- 触发物：跟一位家人发生争执
- 行为：暴食
- 结果：身体上、情绪上和精神上感觉糟糕（且家庭关系毫无改善）

在这个小小的一挡和（回顾性）二挡练习结束后，人们往往会意识到：

"所以那次暴食并不是完全的失败。"

"只要你能从中有所学习，就不能算是完全的失败。"我说。

这就是对回顾性二挡练习的简述。只要记忆中对习惯回路的回放足够鲜活，它就能帮助我们对旧习惯祛魅。

思维模式很重要

有一样东西，可以帮助你有效地利用回顾性二挡练习，从过去的体验中榨取所有精华，学到最多经验。你可能还记得我在第6章里提到过卡罗尔·德韦克，她是斯坦福大学的研究人员，创造了"固定型思维模式"和"成长型思维模式"这两个术语。德韦克博士对固定型思维模式的定义是你认为自己的基本智力和能力是无法改变的，你能有的一切都有了，剩下的只是加以利用发挥而已。成长型思维模式则代表另一种信念，那就是随着时间的推移，你的能力可以得到发展和提升。

德韦克博士对思维模式的研究已经持续数十年。所谓"思维模式"，是指由单人、多人或群体持有的一套假设、方法或符号。简单来说，它就是一个人的世界观。我们的思维模式或者说世界观也是一种习惯，它会渗透到我们对事件解读的方式中，影响我们如何选择、如何学习。当具备相似世界观的个人聚集在一起，并开始相互依赖、影响时，甚至会促成所谓的心理惯性（mental inertia）或群体思维（groupthink）。想想所谓"乌合之众"。换句话说，思维模式影响巨大。

我们是怎样发展出某种特定的思维模式的？提示：这跟基于奖赏的学习机制有关。举个简单的例子，比如巧克力，当你面临压力（触发物）时，你吃了巧克力（行为），并且感觉舒服了一些（奖赏），你的大脑就学到了：有压力时就应该吃巧克力，让自己感觉好一些。

在我看来，这就是在习得某种看待世界的方式：我们戴上巧克力色的眼镜，下次有压力时，大脑就会说："嘿，吃点儿巧克力，你会感觉更好。"这就是"她戴着玫瑰色眼镜"和"他戴着深色眼镜"等说法的由来，人们用这些说法委婉地描述某种看待世界的方式："戴着玫瑰色眼镜"指我们总是从"杯子里还有一半水"的角度看待世界，而"深色眼镜"对应的则是"杯子已经空了一半"的世界观或思维模式。是的，你可以学会戴上巧克力型、担忧型或者任何其他类型的思维模式眼镜。你越是常戴某种眼镜，就越不记得脸上戴着眼镜——它们成了你的一部分。

这个道理并不复杂：你从过往的经验里，学到某种看待世界的方式。每当你的行为强化了这种学习，这种世界观眼镜的镜片就会加厚一些，"佩戴"起来也更加舒适服帖。

固定型思维模式和成长型思维模式

德韦克对思维模式的研究主要集中在教育和学校环境中，但她的工作跟我们所做的一切都密切相关，因为思维模式影响了我们看待世界的方式。令她闻名于世的，是描述了我前面提到的两种截然相反的思维模式：固定型思维模式和成长型思维模式。

根据德韦克的说法，每个人对能力来源的内隐观念，可以组成一个连续体（continuum）。假如你认为自己的成功完全基于先天能力，基本上是与生俱来的，那么你就属于固定型思维模式。反过来，如果你相信进步来自努力工作、学习和训练，那就可以说你具备成长型思维模式。这两种思维模式，你更认同哪一种呢？

也许你还没有意识到自己习惯的思维模式，无论你在固定与成长之间的连续体上更靠近哪一端，只须观察自己的行为，就可以得出大概的答案。举例来说，如果你看一看自己对失败的反应，这一点就清楚了。具有固定型思维模式的个体害怕失败，因为这是对他们基本能力的负面定论，昭示着自己的固有局限。相反，具有成长型思维模式的个体不太介意或害怕失败，因为他们意识到自己的表现可以得到改善；事实上，正是失败带来了学习的机会。

这是讲得通的，因为如果你相信自己天生就有某种特殊才智，那么你的每一次失败，都像是在提醒你自己存在局限："唉，我只能如此了，这就是我能达到的最好结果了。"然而，如果你具有成长型思维模式，你将能够把失败当作学习的机会，而不仅仅是失败。

让我们用行走来打比方。如果你具有固定型思维模式，当你被什么东西绊倒后，可能会责备自己是一个笨手笨脚的人。同样的情况下，如果你具有成长型思维模式，你可能就会对自己说："嗯，我被绊倒了，我从中能学到什么呢？"在成长型思维模式里，你甚至能够质疑失败这个概念本身。失败是啥？只要能学到东西，发生的事情还能叫失败吗？

德韦克甚至认为，成长型思维模式会让一个人活得更轻松、更成功。这也说得通。因为在成长型思维模式里，你总是在学习，并从体验中得到收获。德韦克在其著作《终身成长：重新定义成功的思维模式》中说:"假如父母想送给孩子一份礼物,最好的选择是教会孩子热爱挑战、对错误有好奇心、探索新策略、享受努力付出,并且不断学习。如此一来,孩子们就不必成为赞美的奴隶。他们会拥有建立自信和修复自信的终身秘诀。"[1]

好一个"享受努力付出"!我喜欢这句话。当我们咬紧牙关、竭力想要改变某些事情,几乎要以头抢地时,恐怕很难享受当下的状况。然而,当我们开始对自己的体验产生好奇,爱上挑战,甚至对错误也兴趣盎然时,又会发生什么呢?

我发现,将这些概念延伸到你的直接体验中会很有帮助,在二挡练习中,你可以运用觉察,帮助自己开启成长型思维模式,不再受困于固定型思维模式。

要了解如何做到这一点,请按如下方式探索一下:当你持有固定的观点时——也就是说,当你不愿意接受他人对你的观点的看法或反馈时——你在身体上有什么样的感觉呢?

也许你已经注意到,身体有时会感觉封闭或者紧缩,仿佛在自己和外界之间竖起屏障,不准不同的信息进入,以免它们污染自己的世界观。有趣的是,这也许和进化有关。当你被传说中的剑齿虎追逐并被逼入绝境时,你的任务就是将自己缩成一个小球,尽可能缩小被攻击目标,以保护重要器官。

当你拥有成长型思维模式时,你又会有怎样的感受呢?你将全方位地对新观点保持开放。你能切身体验到这一点吗?只有在成长型思维模式中,你才能开放地学习。

当陷入一个你拼命想改掉的旧习惯回路时,你通常(或习惯性地）处于哪一种思维模式？当你评判或苛责自己时，你当然会变得封闭，因为你正在遭受攻击（尽管攻击者恰恰是你自己）。下面举个例子。

我的一位患者有个不太健康的习惯，就是每晚要喝半升伏特加酒，相当于 8 杯烈酒。结束一天的紧张工作后，她回到家，在开始下厨做晚餐前，用喝酒来放松自己。经年累月，她意识到这种行为对她的身心健康造成了很大伤害，于是来向我寻求帮助。我指导她进行基础的一挡练习，图示习惯回路（对她来说，这部分很容易），然后在二挡练习中聚焦于饮酒的后果。在大约 1 个月时间里，她清晰地看到酒精并不是自己的朋友，而每晚的饮酒量也减少到 4 杯。又过了 1 个月，她开始能连续几天不喝酒，甚至能近 1 个星期滴酒不沾。然而，在下一次就诊时，她对自己的进展却并不满意：她认为这是一种失败——为什么她还是没有把酒完全戒掉呢？而且，她为这一"失败"狠狠地责备自己。

她怎样才能从固定型思维模式（把自己看作失败者，不确定能否成功戒酒），转变为成长型思维模式呢？

当我的学员或患者忍受着无尽的焦虑、顽固的习惯或者失控的成瘾带来的痛苦时，我会鼓励他们尝试把这些经历看成老师。老师能帮助我们学习。当我们学到东西，就会感觉不错（有奖赏性）。即使我们正在苦苦挣扎、反射性地封闭自己或者逃避痛苦，最好的老师也会发挥魔力，帮助我们在困境中看到值得学习的东西。在这样的情况下，我会邀请我的患者和学员们，尝试将这些艰难时刻当作老师，这有助于他们打开心扉，从中学到经验教训，而不是一碰到困难就习惯性地自我封闭。

我的这位患者没能成功地让不饮酒的时间持续到 6 天以上,她向我描述这个过程,并且补充道:"好吧,我想这就是'进两步、退一步'。"

我问她,在过去的几个月里,她了解了自己的头脑是如何运作的,也从每天喝半升烈酒转变为连续好几天不沾酒,这种感觉怎么样。

"感觉很好。"她说。(在那一刻,她的心是开放的,她开始进入成长型思维模式。)

然后我问她关于"退步"的感想,她是否从中增加了对自己的习惯和自己的了解,学到一些无法从别处学到的东西?(特别是当她受困于自我评判的习惯回路和固定型思维模式时。)

我问:"如果学到了什么,还算是退步吗?"

"不,我想并不算。"她回答,并意识到学习实际上是(感觉上也是)一种进步。

我们又谈了一下她在短时间内已经取得的所有进步,并讨论了可以如何把每一次"破戒"⊖看作一种教导,一次学习的经历,如果能敞开心胸去面对,就能帮助自己前进。她离开我的办公室时,步伐轻快。她看到了自己可以怎样从经验中学习,并摆脱自责的习惯回路。对于未来的挑战,她简直满怀期待。

我喜欢这句话:"逃避问题,只会让我们更加远离解决方案。"当我们不再自我阻碍时,"进两步、退一步"这句话就不再有意义,因为所有的体验都能帮我们向前迈进,只要我们能保持觉

⊖ 这里特指"破戒"饮酒。——译者注

察,并愿意从中学习。

现在花点儿时间,看看你能否回想起一个最近的习惯回路。在心里把它图示出来(一挡)。问问自己:"我从中得到了什么?"觉察一下,你是否在封闭或评判自己(固定型思维模式)。如果是的话,把它想象成一位老师(成长型思维模式)。问问自己:"我能从中学到什么?"用心体会那些结果(回顾性二挡)。反复做这样的练习。

第 13 章

解困：丹娜·斯莫尔的巧克力实验

我最喜欢的神经科学实验之一，是由我的朋友丹娜·斯莫尔（Dana Small）博士完成的。身为耶鲁大学的神经科学家和食品研究者，她得以在工作中设计实验，测试不同类型的食物及热量来源是怎样影响大脑的。出于这个目的，她鼓捣出了形形色色的疯狂设备，把各种各样的东西——从奶昔到不同的气味——输送给躺在大脑扫描仪中的人。想象一下，实验参与者躺在功能性磁共振成像扫描仪中，而你坐在 6 米外的控制室里，尝试把各种的奶昔状食物注入他们的嘴里，同时让他们的头部保持不动。这可不是件容易的事儿！

斯莫尔博士在美国西北大学攻读博士学位期间开始了她的食品研究，那时初生牛犊不怕虎的她试图测量人们吃巧克力时的大脑活动。[1] 当年她用来测量大脑活动的机器是正电子发射断层扫描仪,因为正电子发射断层扫描比功能性磁共振成像的实验要求更宽松。(在正电子发射断层扫描仪中,她的被试能在大脑接受扫描的同时进食;而在功能性磁共振成像扫描仪中,必须要保持头部完全不动。)

斯莫尔博士让被试选择自己最喜欢的巧克力棒,接下来,她喂他们吃几口,同时扫描他们的大脑。她要求被试在被喂食期间,用从 –10 分到 +10 分为自己想再吃一块的程度打分。–10 分代表"太糟糕了,再吃下去简直恶心",+10 分代表"我好想好想再吃一块"。由于这是参与者最喜欢的巧克力棒,他们自然在实验开始时常常打 +10 分。

但随着时间的推移,评分开始下降到大约 +5 分("令人愉快,再来一块也不错")。之后,评分下降到一个中间值,这时,斯莫尔博士仍继续喂他们吃巧克力棒。

不出所料,他们的评分持续下降,经过 –5 分("不愉快,我不想再吃了"),一直降到 –10 分("太糟糕了,再吃下去简直恶心")。

短短的时间内,人们就从"好想好想再吃一块"转向感到厌恶。

在整个过程中,斯莫尔博士一直在测量他们的大脑活动。她发现了有趣的事情:后扣带回皮质是唯一在愉快和厌恶时都会被激活的脑区。后扣带回皮质通常在我们陷入体验的时候被激活,而在我们做正念练习、很有觉察或不执着于体验时会安静下来。斯莫尔博士的发现,意味着后扣带回皮质在渴求和反感状态下都会激活,"我好想好想再吃一块"和"我真的不想继续了"都会激活后扣带回皮质。

觉察改变习惯

斯莫尔博士的研究表明，"想要更多"和"想要更少"激活了相同的脑区。这两者的共同点是渴求或者"想要"，或者更准确地说，要么是执着于"想要更多"，要么是执着于"想要更少"。留意这里的"推拉"：把令人愉悦的事物拉近，或者牢牢抓住我们已有的心爱之物；把令人不愉悦的事物推开，或者在体验到不愉悦时努力转移注意力。

那么，为什么这一点对于改变习惯很重要？我们先以过度进食习惯回路为例。如果你确实喜欢巧克力（也可以换成你最喜欢的食物或者活动），你在看到它们时就会想吃。吃完之后，你至少会在短时间内感觉良好，所以大脑会说："不错嘛，再来一次。"那么，如果这件事"再来"很多次，又会发生什么呢？这个，就取决于你有没有留意了。

假如你是丹娜巧克力实验的参与者，那么你会留意，因为这是实验要求。你必须评估自己想继续吃的程度，这可以帮你更清晰地看见自己什么时候吃够了。但在现实世界中，我们更多的时候是无意识进食（或者在做任何事情时都无意识），所以往往不会留意到从愉悦到不愉悦的临界点发生在哪一刻。

如果你训练自己去觉察，情况又会有所不同。我的实验室使用焦点小组访谈法（成员来自我们的正念饮食项目），甚至画出了过度进食的祛魅过程图。[2] 仅仅通过把觉察带入进食行为的结果，项目成员学会了适度享受食物，如巧克力，并且由于密切关注进食过程，他们更有能力改变饮食模式，避免过度沉溺或过度进食。[3] 在一项试点研究中，我们发现参与者在使用我们的"食在当下"手机应用两个月后,体重平均下降了 3.6 千克,而我们并没有提供任何具体的节食指导。我们只是强调对进食过程的留意,以及感觉吃饱了就停下。这项研究证明,正念也许是一种不同寻常的减肥方法,不必像传统方法一样依赖意志力,却又确实有效。

将觉察带入行为的结果,不光能促成饮食习惯的改变,对担忧的习惯也适用。一个例子是对未来的计划。计划就像巧克力,适量来一点儿挺好,但过量就会适得其反,因为它能引发对事情出错的焦虑。

所以,如果你正在跟包含过度沉溺要素的习惯回路做斗争,如过度饮食、过度计划或过度思考,那么,下一次你开始困在这类回路里时,试试用自己的方式做一遍丹娜实验:无论你在过度做什么,都保持留意。问问自己"我从这当中得到了什么"(二挡),并且看看你能否准确地辨认出从美味到中性再到不愉悦——天平开始发生倾斜的临界点是何时出现的。这是否有助于你在临界点上适可而止(或者至少是慢下来)?

态度决定一切

很少有人会把倒垃圾看作一天中的高光时刻,不过,我们还是可以想一想,在倒垃圾这类行动中,态度扮演了什么角色。如果到了该倒垃圾的时候,你带着不好的态度去倒,猜猜会怎样?你习得了一种关联,即倒垃圾是一件不好、不愉快的事情。反过来,如果你意识到倒垃圾是一件迟早都要做的小事,你就会习得另一种关联,即倒垃圾没什么大不了的,而且,下次会变得更容易,下下次、再下次……都会更容易,即使在三九严寒中或大雨滂沱时也是如此。改变你对任务的态度,即使是对最简单的小任务,也能对生活产生巨大的影响。

下面这段话出处不明,不过很好地表达了这一点:

> 当心你的想法,它们会变成语言。当心你的语言,它们会变成行动。当心你的行动,它们会变成习惯。当心你的习惯,它们会变成性格。当心你的性格,它会变成你的命运。

这一点,不光是在倒垃圾上成立,在你生活中的一切行动上也都成立。如果你每次开始挣扎于习惯回路时,想的都是"别再摊上这种事儿了"或"我搞不定这个的,永远都没办法",那么你很可能会在原本的习惯上叠加一个无益的习惯。

* 触发物:开始挣扎
* 行为:认为事情会很糟糕(固定型思维模式)
* 结果:事情糟糕的可能性增加

而且,你与原本那个习惯回路打交道的时间不得不大大延长了,因为你会持续地强化两个习惯回路:一个是你正在对付的那个,另一个则是"不良态度"习惯回路。

反过来,假如你能在一挡和二挡练习中,对自己的体验抱持一种略带玩心的好奇,将会得到三个方面的好处:①你正在对付的习惯变得更容易处理;②(在看见其缺乏奖赏性后)你学会放下那些无益的态度;③你养成了"好奇"这个有益的习惯(在本书第三部分,你会了解这个态度的奖赏性有多高)。试一试你能否更经常地觉察自己当下的态度。

一旦实实在在地看见某件事情的荒谬可笑之处,你就很难再把它当成天大的事儿,也不会再被它强烈牵制。因此,正念可以让你更密切细致地留意头脑落入的陷阱,如某些事情之所以变糟,其实仅仅是因为你不断暗示自己事情会变糟——这样做难道不荒谬吗?领悟到这一点,有助于让你对自己多一些体谅,原谅自己养成了坏习惯。还记得我的一位患者在陷入自我评判的焦虑习惯回路时会怎么做吗?她只是轻轻地笑着对自己说:"哦,我的大脑又走了趟老路嘛。"最重要的是始终善待自己,而不必因为大脑的生理功能而责备自己。

你可以带着同样的"玩心",来面对内心浮现的任何想法和情绪。你不必跟它们对抗或者推开它们,相反,可以只是饶有兴趣地把它们识别为想法和情绪。这就是所谓好奇的态度。当你对你的感受真正感到好奇,并关注你对它们的惯性反应,由此你将看清它们在多大的程度上操控着你的生活。只要你带入这种好奇的态度,它们控制你的能力就会大大减弱。你更清晰地认识到它们只是想法和身体感觉。是的,它们也许会暂时操控你的生活,但它们并不能决定你是谁。

甚至,你还可以把这些想法和情绪变成老师。与其为取得更快的进步更挣扎,或因一时挫败而沮丧,不如培养好奇心。那些想法或情绪已经存在了,你可以把它们作为门径,去探索回应它们的不同方法。下面是一个例子。你注意到你开始感到挫败:

* 触发物:开始感到挫败

- ❋ 行为：留意惯性反应，并问自己"我从这当中得到了什么"
- ❋ 结果：看到旧习惯是多么缺乏奖赏性；对助长挫败感的行为祛魅（二挡）

看看你能否在改变习惯的过程中，带入一种友善、轻盈、好奇的态度。当你留意到自己在应对基于恐惧的习惯回路时感到害怕，或在图示焦虑习惯回路时感到焦虑，看看你能否跟这些感受保持一点儿距离。深吸一口气，提醒自己，这些感受都是大脑在努力工作的表现，只是那些努力稍稍有些跑偏。假如挫败感或者其他不良态度在心中升起，你会沉溺于这些固定型思维模式习惯回路中吗？如果是这样，花点儿时间把相应的习惯回路图示出来，看看你从中得到了什么。这里的重点是看清楚这种态度是多么缺乏奖赏性，以便启动去除它的过程。随着你对它的祛魅，假以时日，等这种态度再次冒头时，只是留意它的出现，并记住它只是你过去养成的某个疯狂的习惯而已。仅仅是觉察，这个行为会帮你戳破旧习惯的泡沫，培育一种开放而好奇的新态度。

第 14 章

改变一个习惯需要多长时间

21 天真能改变习惯吗

一天,我在会议后台准备演讲,无意中听到前面的讲者提到一个我经常被问到的问题:"养成一个新习惯真的只要 21 天吗?"

讲者引用了整形医生麦克斯威尔·马尔茨(Maxwell Maltz)的临床观察来阐述这个问题。麦克斯威尔·马尔茨发现,他的所有做过鼻子整形手术的患者,大约要花 21 天习惯其新面孔。问题在于,至今我没有找到任何支持这个论点的同行评审研究。虽然大众已经普遍接受了 21 天这个数字(所谓"21 天法则"在互联网上流传已久,其历史甚至已超过本书读者的年龄),但目前并没有证据说明它符合事实。

习惯回路形成的机制本身不复杂:做一件事情,如果这件事情有奖赏性，在有机会（和触发物）时，你很可能会再做一次。另外，如果你想巩固一个新习惯，如果这个新习惯的奖赏并不那么即时和明确，那么前景就比较难以预测，因为涉及的因素实在太多了，包括你的基因特征、动机水平、所处环境以及行为本身。习惯形成的过程，比所谓"21天法则"还更复杂一些。

目前已经有研究证实了这一点，不过这样的研究还不多。举个例子，2009年伦敦大学学院的费莉帕·拉利（Phillippa Lally）和同事发表了一篇论文，题为《习惯是如何形成的：在现实中模拟习惯形成》。他们发现，要让一个新行为变成"自动"行为，需要18天至254天不等。[1] 这个时间范围跨度大到令人咋舌，而且该研究仅持续了12周，可以说几乎完全依赖于数字模型。此外，在62名被试中，仅有39人显示出对模型的"良好拟合"（良好拟合意味着数据点接近理论图形曲线）。我并不是在批评这篇论文——相关变量实在太多，这类研究真的不好做。

但是，我们能够减少习惯形成的研究变量。这样，我们或许可以通过选择一个特定行为并测量其奖赏值的变化，来得出一个有现实意义的时间框架。

这就是我的实验室所做的工作。

雷斯科拉 - 瓦格纳模型

实际上，早在数十年前，就已经有一项研究做出了切实的探索，其结果是可信的——不是互联网上的那种可信，是真的可信，因为这项研究已经在多个实验范式（老鼠、猴子、人类）中得到了复制。这项研究始于20世纪70年代,两名研究人员罗伯特·A. 雷斯科拉(Robert A. Rescorla)和艾伦·R. 瓦格纳(Allan R. Wagner)提出了一个到现在都广为人知的数学模型,并以他们的名字命名为雷斯科拉-瓦格纳(Rescorla–Wagner,RW)模型。[2] 读者中的数学怪才们可以看看下面的公式。(其他人可以跳过以下三段,我保证后面不会考你。)

雷斯科拉-瓦格纳强化学习模型[3]如下所示:

$$V_{t+1} = V_t + \alpha \delta t$$

该模型假定,给定行为当前的奖赏值(V_{t+1})取决于其之前的奖赏值(V_t)和学习信号($\alpha \delta t$)。学习信号取决于所谓的预测误差(δt),也就是行为的实际结果和预期结果之间的差异。学习信号映射到眶额叶皮质等大脑区域。无须在意 α,它是学科层面的静态参数(常量)。

让我用通俗的语言再重复一遍。总的来说,当你做出一个行为(如,吃蛋糕),你的大脑首先会下载这个行为的奖赏值记忆(如,蛋糕很好吃)。请记住,这个奖赏值是基于各种因素确定的,包括情境、情绪状态等(如,与行为相关的人物、地点和其他因素),这些因素组合成为一个单独的复合值。一旦这一行为的奖赏值确定,你的大脑会基于过去的奖赏值,期待下次它带来相同的奖赏值。问题在于,即使行为的情境有所不同(饥饿状态和饱腹状态),你的大脑还是期待奖赏值和过去一模一样(吃蛋糕 = 吃蛋糕)。如果你喝到过期牛奶,一旦你觉察到牛奶酸了就会停下来,因为大脑会发出信号:预期结果和实际结果有出入(也就是你们这些数学爱好者没有跳过的预测误差）。如果你吃蛋糕时习惯性地不关注实际结果——此时此刻蛋糕到底有多好吃——你的大脑就不会发出信号提示异常或错误（大脑以为吃蛋糕就是吃蛋糕而已，即没有预测误差）。但是如果你关注这个行为的真正结果，就会发现，现在吃两块蛋糕的奖赏值远低于5岁时吃蛋糕，当时你甚至可以一日三餐都吃蛋糕，还不会胖。这一预测误差会提醒你的大脑：该刷新奖赏值了！

这就是二挡的数学基础。这就是学习的机制。这就是你改变习惯的方法。

理解这一点会带来现实的影响，包括让你更快地放开"坏"习惯，习得"好"习惯（不懂数学也没关系）。

为了研究二挡练习可以多快、在多大程度上降低过度进食和吸烟行为的奖赏值，我们在"食在当下"和"烟瘾退"手机应用中植入了一个工具，名叫"渴求评估"。我们邀请被试在渴求袭来时使用这个小工具。工具的第1步如图14-1所示：

然后，我们邀请他们给自己当下的渴求打分（见图14-2）。

图14-1 "渴求评估"工具（一）

第1步帮助人们（和我们的研究团队）准确评估，某个行为在当下对他们而言奖赏值究竟有多高。举个例子，当吃蛋糕的渴求出现时，按照"渴求评估"工具的说明来进行练习，想象自己正在吃蛋糕。如果奖赏值高，渴求就会维持甚至走高（因为想象吃蛋糕让人真的想吃蛋糕了）。如果当时很饿的话，渴求还会变得更高。

第2步，请被试做正念饮食或正念吸烟练习，以让大脑"登记"这一行为的实际结果，如图14-3所示：

图14-2 "渴求评估"工具（二）　　图14-3 "渴求评估"工具（三）

这时，如果被试真的吃蛋糕，直到吃完 3 块（而不是 1 块）才停下来，或者吸 1 支烟，并且仔细体会此时的感受，他们会亲身发现（并感受到）这一行为的实际奖赏值。在"食在当下"中，我们让被试立即给感受到的满足感打分，并且在几分钟之后再次打分——因为有时候，狼吞虎咽一大块蛋糕或一大包曲奇饼干的饱腻感并不会立刻就在大脑中"登记"。我们请被试在每次渴求出现时就重复这个过程，确保他们的大脑得到刷新后的准确奖赏值数据，替代旧的、过时的奖赏值记忆。重复得越多，新的奖赏值记忆就会越牢固（"烟瘾退"手机应用的一个用户报告说："今天我吸的每一根烟都让人觉得恶心。"）

一旦新的奖赏值在大脑中刷够存在感、站稳脚跟，下一次进食或吸烟的冲动被诱发时，只需要重复第 1 步，让真正的奖赏值浮出水面，其渴求的程度就会下降。这自然有助于人们脱离旧习惯循环，改变行为。

基于他们的主观打分（行为带来的满足感和重复该行为的渴求），我们可以计算出，为了让行为的奖赏值下降，需要做多少次练习。我实验室的博士后研究员韦罗妮克·泰勒（Veronique Taylor）博士，分别为正念吸烟和正念饮食两项研究做了精巧复杂的 RW 模型。[4] 她发现两项研究的 RW 曲线高度相似：使用"渴求评估"工具 10 次至 15 次后，不良行为的奖赏值会降至趋于 0。

结合我的实验室之前发表的其他论文成果来看——使用"烟瘾退"30 天后，吸烟者大脑发生了变化；使用"食在当下"两个月后，被试由渴求驱动的进食行为减少了 40%——我们对三挡模型在大脑和行为层面的运作开始有了更清晰的理解。[5] 当然了，要取得更明确的结论，我们还有很多工作要做。

通过种种数学公式和科学测量，至少有一点显而易见：想要改变习惯，关注当下是重中之重。如果你无比渴望打破一个习惯，要求、强迫或祈盼，是无法让它停下来的，因为这些做法多半对这个习惯的奖赏值没有任何影响。同理，如果想要养成一个习惯，无论你给自己 21 天还是 21 年，讲道理、强迫或祈盼奏效的希望都十分渺茫。

"想明白"是无法让人摆脱坏习惯或养成好习惯的。虽然我们每个人对自己的习惯都有期待和安排，但真正说了算的是我们的身体（也就是"登记"行为结果的地方），而不是思考与认知。

看看你能否通过持续练习二挡（在当下觉察行为的结果并反思），来破解自己的大脑，将其中的一些概念化的知识变成行动。看看需要多久，你的 RW 曲线会从"太棒了"下降到"不过如此"直至"谢谢，不了"。

不要信任你的想法，而是信任你的身心

如果现在你觉得这些很困难，别担心，一挡和二挡还没有触及改变行为，这一点我们将在本书第三部分展开。但眼下，我们先来看一个小火车的故事。

我最喜欢的一个童话故事，叫作《小火车头做到了》。

在这个故事中，蓝色小火车头通常承担调动车厢的工作，但有一天，她被赋予了一项任务：拉一车孩子们的圣诞礼物越过一座山。她认为自己翻不过那座山。

小火车头内心陷入激烈交战，头脑中盘旋着无数碾压自信的想法，令她沮丧不已。为了克服它们，小火车头想出一句话给自己打气："我想我可以。我想我可以。我想我可以。我想我可以。"

小火车头把装着圣诞礼物的车厢挂在身后，一边在心里给自己打气，一边努力地奔跑，向山峰进发。"我想我可以。我想我可以。"她击退心中的恶魔，爬上山顶，奔下山坡，受到了孩子们英雄般的欢迎。孩子们大声欢呼着，为玩具的失而复得喜极而泣。当她奔下山时，她把口头禅改为"我就知道我可以。我就知道我可以。我就知道我可以。"

那么，小火车头成功的秘诀是什么呢？发动机油？埋头苦干？

实际上，在这个故事中让目标实现的，不仅仅是"努力"。小火车头一开始关注未来（"我想我可以"），然后回味过去（"我就知道我可以"）。但是真正让她爬上山的，是不执着于过去或未来，专注于当下。

这个故事给我们带来如下启示：

不要信任你的想法（尤其是那些"应该"的想法）。想法只是在我们心里来来去去的文字和图像，我们应该带着适度的怀疑来看待它们。当然，这并不意味着思考是不好的。请记住，计划、解决问题、创造性思考是我们人类独有的特性，并且对我们很有帮助。只有当我们陷入焦虑或自我批判的习惯回路（也就是各种"应该"——我应该做这个，不应该做那个），思考才会妨碍我们。这类想法，尤其是比较极端的想法，正是我们需要留心觉察的，因为它们只会让我们对自己感觉糟糕。

信任你的大脑。你的大脑进化了亿万年，就是为了帮助你活下来。即使它无法给出所有答案，有时还让你误入歧途（如：担忧性思考），但是它从不令人失望，绝不会突然切换自己古老的运行模式——大脑的学习机制（如：基于奖赏的学习）经过多次调试，忠实而值得信任。你对大脑的运作了解得越多，对图示习惯回路和祛魅旧行为的好处体会得越深，就会越信任你的大脑。

信任你的身体，或者换一种说法，你的身心，因为这二者是一体的。身体是奖赏值"登记"的载体。当你关注行动的结果时，实际的生理感觉和感受会向你的眶额叶皮质发送信息，以刷新奖赏值。

信任你的体验。"你"才是真正的秘密武器。一遍又一遍地图示习惯回路，能让你的大脑看清你是真的下定决心要改变习惯。关注习惯行为和结果之间的因果关系，真切地改变了行为的奖赏值，切实地帮助你对不良习惯祛魅，对有益的习惯着迷。

惨痛成长机会：如何应对自我评判的习惯回路

上大学时，有一次我和几个朋友一起去食堂吃午饭。当时我们旁边有个人独自坐一桌，鬼使神差地，我脱口而出几句不合适的话，让他因为独自进食而引人注目。至今我都不记得当时说了什么，但我对后面的事情记得清清楚楚，因为我朋友和我自己都为我刚刚的所作所为惊呆了。直到25年之后的今天，在写作这一段的时候，我仍然感到难堪。我以前也不是不好相处的人，也未曾在学校里霸凌别人，因此我们都对刚刚发生的一切感到震惊，但最震惊的莫过于那个被我霸凌的小孩，他当时什么也做不了，只好埋头继续吃饭。

这个故事的关键，是后来发生的事情。

但凡当时我剩一点儿理智，我就会起身向那个孩子道歉，但我没有。相反，我对自己的所作所为震惊到大脑宕机，也埋下头，机械地吃完午餐，然后离开。

为什么我能如此生动地回忆起这个场景，仿佛它就发生在昨天（心怦怦跳，胃痉挛——自主神经系统兴奋的所有征兆）？就像我手里有一个手榴弹，当时我没把它扔出去（即道歉），而是把它埋在了心底，后来还时不时悄悄拉一下手榴弹的引线，让回忆重现。我无法改变自己所犯的过错，但我可以为此反复惩戒自己，一遍又一遍。

我们的生存机制能让我们从错误中吸取教训。人生第一次被烫到后，我们学会了远离热炉子，这样我们就不会再被烫到。同样，我们不停地鞭挞自己，也会让大脑以为自己在学习，因为我们毕竟做了些什么——但这并不是学习，这只是一次又一次地拉动手榴弹的引线，一遍又一遍地重新经历当初的情境，以为自虐可以神奇地修复过去。

当然，那个倒霉的食堂时刻也确实让我有所领悟。从那以后，我再也没有做过类似的事情，但这件事至今仍是我心里的伤痕。最关键的是，这些伤痕本来没有必要存在——事实上，一开始伤害就没有必要发生。如果我道歉了，我想我们两个会尴尬地嘲弄我短路的大脑，一笑泯恩仇。

这之后十多年里，我练习冥想数年并把基于奖赏的学习研究了个透。我发现，每个"惨痛成长机会"（fucking growth

opportunity，感谢我的妻子告诉我这个短语）背后，都有两条通路。

通路1："观察并学习"的健康通路，能够真正让人学习和成长。我们把经历的事件当作老师，看看具体发生了什么，并从实际的状况（包括我们内在的反馈）中学习。

- 触发物：犯"错"
- 行为：观察并学习
- 结果：不会反复说这是"错误"；从这段经历中成长前行

这条路类似于以蔬果为主的天然饮食方案。它美味可口，让我们感到精力充沛，同时我们也知道自己为保护亚马孙盆地的雨林环境做了贡献。

通路2："回忆并悔恨"，一个更不健康的选择，会让我们陷入自我评判的习惯回路，得不到学习成长。我们会忽视成长机会，全部注意力都在给自己强加自虐戏码。

- 触发物：犯"错"
- 行为：评判或自我鞭挞（如同撕开伤口上的痂）
- 结果：旧伤变新伤，再次流血

不久前，我偶然发现一句话："原谅意味着放弃对更美好过去的希望。"尽管用了很长时间，在我的正念练习的支持下，在深刻理解"回忆并悔恨"习惯回路的奖赏值之后，我原谅了自己。这帮助我打开了新的通路，让我能真正地从"食堂惨痛成长机会"中学习。

- 触发物：想起食堂大脑短路事件

* 行为：留意胃部的痉挛感和脑海里出现的自我评判。在心里给自己一个拥抱，提醒自己，我无法改变自己过去的行为，我已经从中学到了教训
* 结果：伤口愈合

我的事说得够多了，现在轮到你来反思自己的自我评判习惯回路了。把它们图示出来。如此，你将开始脱离旧习惯回路，不再陷入过去，而是在当下观察并学习，即留意你与当下的自己相遇的方式，在自我评判习惯回路被触发的一刻学习。回忆并悔恨意味着固定型思维模式。观察并学习代表着成长型思维模式。

你能否看着图示出来的自我评判习惯回路（一挡），然后切换到二挡，问问自己："我从自我鞭挞中得到了什么？我能否更清楚地看到自虐只会让这个过程持续？我现在能否明白，体会自我鞭挞到底有多痛苦，有助于打破这个循环？"

在二挡练习的基础上，我们将在第三部分引入"上上之选"，将其应用到惨痛成长机会中。

一旦你在二挡练习中累积了足够的动力，从骨子里对自我评判和自虐不再有任何迷恋，你就做好切换到三挡的准备了。

Unwinding Anxiety

第三部分

三挡：为大脑找到上上之选

好奇心比勇气更能征服恐惧。
——詹姆斯·史蒂芬斯（爱尔兰作家）

第 15 章

上上之选

欲望（马）与意志力（骑手）之间的"角力"

有一首歌叫《凡我想要，我要立刻得到》（*I Want What I Want When I Want It*），由亨利·布洛瑟姆（Henry Blossom）和维克多·赫伯特（Victor Herbert）创作于 1905 年，但说是昨天才写也完全没问题。这个歌名很具现代特征，因为我们似乎正在步入一个"成瘾时代"。今天的人类合力对成瘾性化学物质和成瘾体验的研发、改进、大规模生产和传播能力都是空前的，而这些物质和体验的成瘾性之高更是前所未有。别提烟草了，社交软件的"点赞"功能让所有人欲罢不能。我们上网时看到是根据我们最近的搜索历史进行算法优化的广告，翻开社交媒体接收到的推送是他人经过精修的完美生活影像——"他所拥有的，我也想要"。每一条自我评判的想法，都会唤起焦虑，成为助长成瘾的燃料。

人类已经跟自己的渴求战斗了上千年。希腊雅典的帕台农神庙里有一块公元前 440 年的浮雕，刻画一名骑手试图驯服他的野马，这描绘了冲动和欲望（马）与意志力（骑手）之间的"角力"。当代行为改变的方法过于强调个人主义和理性的作用，实际上整个世界都是如此，讽刺的是，这也许是启蒙时代思想影响的结果。[1]我们深信我们的优势在于拥有批判性思维。我们深信可以通过思考来摆脱那些受深层欲望所驱动的行为，然而实际上这种驱动力比基于前额叶皮质的意志力强大得多。知道一个习惯对我们有害，并不足以让我们改变它。即使提出了最合理的节食和减肥计划，为何节食的过程还是像悠悠球一样呢（无休止的"减肥 - 复胖"循环）？我们一直寄希望于骑手来改变习惯和打败成瘾，结果并不奏效。光是在美国，阿片类药物和肥胖就已经像流行病一样肆虐。

这些强调个人主义、理性和自我中心的方法，其缺陷之中，是否存在我们能够将其作为前进的经验教训的线索呢？

如今，我们的大脑神经网络仍然是"狩猎 - 采集者（同时避免成为猎物）"模式，这意味着，每当我们因压力而抽烟、吃小蛋糕、查看电子邮件或新闻推送时，基于奖赏的学习就会出现。也就是说，每当我们寻求某种事物或行为以安抚自己时，我们就在强化这种学习，致使它变得自动化和习惯化。这就是我们最终卡在焦虑（和其他）回路中的过程。只用一个例子就够了：当一位患者来找我帮他戒除长达四十年的抽烟习惯时，他已经强化这种学习路径大约 293 000 次了——意志力怎么可能胜出呢？

当前的心理和行为干预方法几乎完全依赖理性和意志力，如认知行为疗法（目前美国药物滥用研究所推荐治疗成瘾的金标准，可能也是应用最广泛的心理循证疗法）聚焦于改变适应不良的思维模式和行为。[2] 再用"马和骑手"来打比方，马代表欲望，骑手代表认知控制能力，那么认知行为疗法的重点是培养骑手制服压力源的能力。[3]

然而，随着成瘾物质和体验变得更易致瘾也更易获取，欲望之马变得更强壮、更暴烈了。例如，2013年，调查记者迈克尔·莫斯（Michael Moss）在《纽约时报杂志》上发表了一篇食品行业的调查性报道，题为《成瘾性垃圾食品背后的尖端科学》。这篇文章概述了食品公司如何处心积虑、沆瀣一气，制造出更具成瘾性的食品。[4] 科技行业也紧随其后，拥有数百万乃至数十亿用户的科技公司致力于测试和提升其产品的"用户黏性"，目的不是满足客户需求，而是确保他们继续消费。这些产品覆盖从社交媒体到视频游戏的各种品类。因持有 Facebook 股权而成为亿万富翁的 Facebook 创始人之一肖恩·帕克（Sean Parker）曾直言不讳地说，Facebook 是"一个社会认可反馈回路……是一种像我这样的黑客才能炮制的事物，因为这是对人类心理弱点的利用"。他继续补充道，在 Facebook 发展早期，产品设计的目标是"尽量多消耗用户的时间和有意注意"。[5]

我们可怜的大脑（别忘了，它只是想帮我们找到食物）被算计和掌控了。在面临压力等触发因素时，与认知控制相关的主要脑神经结构（如背外侧前额叶皮质）会率先"下线"，关闭功能。[6] 我们或多或少都有过这样的经历：在疲惫不堪的夜里，我们会更渴望冰淇淋，而不是西蓝花。

如何训练大脑停止被旧的奖赏模式束缚

如果欲望和渴求滋长是被基于奖赏的学习所驱动的，那么，为了扭转颓势，我们能否利用同一过程，来训练我们的头脑呢？也许甚至不需要投入额外的时间或努力？[7]

好消息是，你在这方面已经做了一些准备工作了。你一直在培养觉察，在一挡练习中图示焦虑的习惯回路，在二挡练习中细致而清晰地觉察行为的结果。通过这个过程，你就是在眶额叶皮质中重置奖赏价值体系。所有这些"上蜡、脱蜡、粉刷篱笆"的动作，都在帮你为头脑真正的战争做准备。

要影响或改变行为，觉察也必不可少：在改变某个习惯行为之前，你必须觉察到或清醒地意识到自己正身处其中。这是一挡和二挡的核心要义。此外，一旦行为的奖赏价值被大脑登记在册，觉察不仅可以帮助你祛魅（二挡）从而摆脱旧习惯，也可以帮助你养成健康的习惯——因为开通习惯回路的过程，就意味着重复的行为转变为自动化的习惯。

这是当前的认知技术和正念练习之间的一个重要分歧。理性（骑手）要求"停下"（并改掉你的'陈旧思维'），但在大多数情况下，冲动（马）会干脆地把理性从背上甩下来，自由自在、无拘无束地狂奔。相反，正念建议只是留意：体验行为的结果，并从中学习，以便下次改进。正念练习背后的理论，完全符合基于奖赏的学习在大脑中的运作机制（即，当眶额叶皮质能够获取准确信息，行为的价值排序会在大脑中刷新、储存并牢记，以备未来之需）。

当这一机制完全起效时，你就不必依赖理性了。相反，行动的价值排序会变得更加清晰，你的穴居人大脑自会接管一切。请记住，在强大的生存脑"大哥"面前，年轻而羸弱的前额叶皮质就是个"小表弟"。你无须拼命思考，试图把自己从困境中"想"出来；你可以允许事情自然发展，遵循大脑运作方式背后的自然原理，从实际体验中学习。

现在，希望你已经积累了对一挡和二挡的亲身体验数据，这么一来你可能会对下面这段日志有共鸣，它来自我们"食在当下"手机应用的一位用户：

> 一天晚上，我产生了剧烈的情绪反应，迫切寻求美食的安抚。我企图快速平复情绪，因而食欲瞬间大增。巧克力带来短暂的甜蜜丝滑，但很快就转变为难受的甜腻饱胀感，并且我感受到强烈的挫败与失望。

如果你能在自己的体验中非常清楚地识别出这种祛魅的过程（不只是理解概念，而是从身体上感受到），恭喜你，你已经准备好进入三挡了。

三挡

回到眶额叶皮质，我们知道，要强化和维持一种行为，其奖赏值一般必须大于它想要替代的行为。把眶额叶皮质想象成沉迷于一个约会应用的人，总是在不停地浏览翻屏，寻觅更优的"上上之选"。当涉及行为选择时，我们的眶额叶皮质总是在搜寻"上上之选"。

事实上，眶额叶皮质建立的奖赏等级体系让你做决定时更高效，且无须耗费太多心力。在面临选择时尤为如此。眶额叶皮质会为你以前的每一个行为都设定一个奖赏值，当你面临选择时（如在两个行为中二选一），它自会选择价值更高的行为。这有助于你快速轻松地做出选择，而无须太多思考。

例如，我有过大量的食用巧克力行为，为此我的眶额叶皮质建立了一套相当详细的巧克力奖赏等级体系。这套体系是这样的：我热爱可可含量为 70% 的黑巧克力，远甚于可可含量为 40% 的牛奶巧克力。在这两者之间，我总是毫不犹豫地选择前者。不要误会，我也不是非 70% 的黑巧克力不可。只要巧克力的可可含量达到了 70% 的门槛，我也会尝试新的口味（如 70% 以上可可含量的巧克力，或者海盐味，偶尔还会尝试辣椒味或杏仁味），但我很少委屈自己去吃可可含量为 60% 甚至更低的巧克力。

要打破旧习惯，建立新习惯，你需要设定必要的条件。

第一，你需要确保大脑已经刷新了旧习惯的奖赏值。这就是为什么要多多进行二挡练习。

第二，你需要找到那个"上上之选"。

例如，清晰地觉察到烟的味道不佳，会降低抽烟的奖赏值（二挡），但即使人们不抽烟，他们也不会无所事事地干站着。无聊和不安很快就会占领这无所事事的片刻，这些感受可不怎么令人愉快。在成瘾治疗的众多范式中，解决方案都包括一项替代行为。吃糖果可以占用空出来的时间，并且满足部分渴求，却依然助长着习惯化过程：被渴求触发之后，人们学到用吃糖果来代替抽烟，从而又建立了这一新行为的基于奖赏的学习回路（这也是导致人们戒烟后平均增重近7千克的常见原因)。

第三，要让习惯改变的效果得以持久，你必须找到一种特定的"上上之选"，而不是老一套的替代选项。

你需要找到这样的奖赏：不但奖赏性更高，而且不会（通过替代行为）继续助长习惯回路。

正念恰好满足上述条件。这一点真的非常重要，所以我要重申一遍：正念实际上会带来更加令人满意的奖赏。正念作为替代选项，会带来更大、更优的奖赏性，却不会有助长渴求的副作用（稍后会详细介绍）。

我们继续以压力为例。如果不用抽烟或者吃小蛋糕来缓解压力，而是代之以一个新行为——有意识的好奇，会怎么样呢？这里呈现了两个独特的差异：一个差异是行为类型的转变，从外在行为（进食、抽烟等）转变为内在行为（好奇）；另一个——同时也更重要的差异是，行为的奖赏价值有显著差别。你也可以用有意识的好奇，来代替担忧之类的内在习惯行为，因为好奇比焦虑感觉更好。

具体来讲，我的实验室研究了不同的心理和情绪状态的奖赏价值，发现了一些非常有意思的地方。

有一些心理情绪状态，如恶意、紧张、焦虑、渴求等，跟友善、惊羡、喜悦、好奇相比，不但感受上更糟糕（即奖赏值更低），而且更封闭。相比而言，后者的感受更加开放，甚至开阔。可以从生存的角度来理解：如果你碰到传说中的剑齿虎，在逃跑过程中陷入绝境，你会本能地做什么？你会蜷缩成一团，把自己变成一个尽可能小的目标，以保护你的重要器官。

我的实验室研究发现，这种封闭的感受（紧缩的心理状态）也伴随着大脑默认模式网络相关区域的激活，如后扣带回皮质（见本书第一部分）。[8] 相反，对当下体验好奇的觉察，不仅能带来开放、开阔的感受，而且降低了大脑相同区域的活跃度。重要的是，后者比前者感觉更好——它的奖赏值更高。

> 我们用一个 30 秒的实验来说明这个概念，以便你能将其内化为基于你切身体验的智慧。
>
> 想想最近你感到焦虑或害怕的时刻。尽可能细致地回忆相关事件和要素，以便感受那些情绪在身体中的感觉。
> 留意你在身体的哪些部位感受到了情绪。
> 现在留意它是一种什么样的感受。是让人感到封闭、紧缩或束缚的感受，还是开放、开阔的感受？
> 现在想想最近你感到快乐的时刻。尽可能细致地回忆相关事件和要素，以便感受快乐在身体中的感觉。
> 留意你在身体的哪些部位感受到了情绪。
> 现在，留意它是一种什么样的感受。是让人感觉封闭、紧缩或压迫的感受，还是开放、开阔的感受？

一旦你自己去试验，就会发现事情是如此显而易见，不过你一定会惊讶于我们得在实验室确认多少这种显而易见的事。在实验室的博士后伊迪丝·博宁（Edith Bonnin）博士的带领下，我们在数百名被试身上测量了这些情绪状态的奖赏值。我们发现，几乎所有人都更喜欢开放而非封闭的状态。你自己试验的时候，可能也注意到了这一点，即喜悦是一种开阔的感受，而紧张和焦虑则是受束缚的感受。

这就是正念觉察能带给你的：①它帮助你刷新旧行为的奖赏价值；②正念练习是基于内在体验的（也就是说，你无须再用逛商店或网络购物来应对低落情绪）；③相比于困在习惯回路的无尽轮回之中，正念觉察是一个巨大的改善。

简单来说，三挡就是：找到一个"上上之选"（也就是替代行为），以其奖赏值更大更优的特点，使其成为（比旧习惯）更受青睐的行为。由于奖赏值更高，从一开始它就能帮助你一次又一次地脱离旧习惯回路，而在新回路形成后，它还会变成你大脑中新的默认选项（也就是说，变成你的新习惯）。

我们将在本书剩下的篇幅里学习和练习不同的正念技巧，以便你通过亲身体验来发现，哪些技巧可以跻身你自己的"70%黑巧克力组"，倍受你的青睐。

回到马与骑手的比喻。正念觉察既不改变欲望（马）的力量，也不增强意志力的力量。相反，它所做的是调节人和马之间的关系。作为骑手，你可以学习如何更巧妙地骑行，而不是硬要把马驯到服服帖帖。当觉察驾驭了不良冲动的力量和能量时，欲望的骏马和意志力的骑手和谐地融为一体，也许还超越了二元对立，将人和马的互动从一场战斗，转化为舞蹈一般的存在。

定义"三挡"

我会向你介绍两个版本的"三挡"定义。首先是广义版，然后是狭义且更可持续的版本，再分别详细阐释这二者。

> **广义的"三挡"**：帮助你脱离旧习惯回路的任何事物。

> **可持续的狭义"三挡"**：一种基于内在体验，帮助你摆脱旧习惯回路的"上上之选"。

广义定义里有个关键的问题，就是"任何事物"。举个例子，如果你单纯想打破一个旧习惯，如吃太多蛋糕，那每次你想吃蛋糕的时候，就用钝器把自己敲晕，理论上也是可以成功的，只是这并不是我们这里追求的习惯改变。

要获得可持续的改变，你需要一些实用并且随时就绪的行为，以便你一有需要就立刻可用（不是用来敲自己的木棍）。更重要的是，行为伴随的奖赏很关键，它不仅必须比旧行为的奖赏值更高（是"上上之选"），而且不能造成旧的习惯回路被强化。我们在前文已经描述过这一类失败的案例，如用糖果代替香烟，结果导致体重增加。这一点太重要了，让我用"食在当下"手机应用的一个用户案例来强调一下。她写道：

> 今天发生了一些事，让我很苦恼，心绪颇为不宁。一般情况下，我会饱餐一顿，享用最甜、最美味的大餐或点心，借此忘忧……我站在烘焙柜前，一边盯着各种蛋糕、馅饼和饼干，一边想着挑什么吃不会让自己太内疚。我选择不急着做决定，而是在店里逛了一会儿。我偶然发现了一盒新鲜的黑莓，心想黑莓挺不错的，比糕点强。所以最后我买了一盒黑莓，而不是糕点。我坐在咖啡桌前，享用每一颗黑莓，之后感到相当满足。离店

时，我也没有外带过去常吃的点心。此刻我坐在这里，对今天早些时候发生的事件仍然有些介怀和苦恼。尽管享用了新鲜可口的黑莓，我的心里仍然怅然若失，想要缓解这种不适。我想用什么东西来填补情绪的空洞。以前我会填塞食物，但我现在不想了。那么，在这样的时刻，在过去我常用食物来缓解的严重情绪困境中，我该做些什么呢？

这个人清晰地描绘了她的习惯回路：她被一些不愉快的事情触发，于是通过进食来压制情绪困扰。进食成了她出现情绪困扰时的默认替代行为。（还记得戴夫吗？他也是通过进食来转移自己对焦虑的关注。）转移注意力或进食等替代行为其实也是"上上之选"，但它们仍然在助长习惯回路。

如果你真的想成为掌控自己头脑的绝地大师[一]，就不能单纯用一种习惯代替另一种习惯，至少不是随便一种"上上之选"都可以。戴夫自己想明白了这一点，于是他决定抛弃替代性进食习惯，继续面对他的焦虑。

那么，案例里的这个人，又该怎样面对那些痛苦时刻呢？请记住，她需要稳定可靠的替代行为，因此给朋友或家人打电话并不算数。毕竟，要是电话没接通呢？至于浏览可爱小狗的图片，仍然是一个会助长习惯回路的替代策略。不过，它倒是带出了我们尚未触及的另外一个因素：适应（habituation）。

回想一下你第一次喝酒的经历。前一两杯酒会带来相当大的冲

[一] "绝地大师"（Jedi master）是"星球大战"系列电影中的头衔，一般只授予技能高超、备受尊敬的"绝地武士"。——译者注

击,如果喝得太多,说不定还会宿醉。你大脑的反应可能是调整乙酰胆碱受体的数量,确保它下次能应对同样的行为。如果你继续有规律地饮酒,大脑会下调受体的数量(适应),你会对酒精的作用产生耐受性。久而久之,要达到同样的作用,你需要喝更多的酒。

同样,如果你用浏览网络上的小狗视频来替代旧习惯,大脑就会像适应酒精一样,开始适应看可爱小狗图像的影响——你适应了。换句话说,你的大脑"见惯不惊"了。就像你慢慢地需要喝更多酒才能微醺一样,你的"狗狗疗法"也需要越来越多更可爱的小狗图像才能起效。这可不怎么像是长期解决方案,对不对?

在一些文化传统中,人们用"饿鬼"来描述这个过程。想象一只有着巨大的胃和狭长喉咙的小鬼(见图 15-1)。无论吃进多少食物,这只鬼永远无法满足,因为它的胃总也填不满——它的食道又长又窄,食物进入胃部的速度总是跟不上食物消化完排出的速度。

图 15-1 "饿鬼"

空虚的心跟空虚的胃一样让人难受。面对空虚感，你的大脑会想："做点儿什么！把空洞填上！这种感觉太可怕了！我正在坠入恐怖的绝望深渊。"然而，这个空洞不是靠努力填塞就能填补的，反而只会让习惯回路延续下去。

不过，当你明白，这空洞是由想法、情绪和身体感觉构成之时，你就可以后退一步，确保自己不继续助长这个习惯回路。与此同时，把一切交给觉察，你只须进行一挡、二挡以及此刻我们要探索的三挡练习。觉察是每个挡位的核心机制。在三挡，只须将友善、好奇的觉察带入此刻的身体感觉和内心感受，这将帮助你离开认为必须做点儿什么来解决问题的习惯性模式，转变为单纯地观察你的体验，坐看问题自然地缓解和消失。

好奇可以平复"做点儿什么！"的不安和紧迫感，因为正如前面提到的，好奇是一种截然不同的感受，它更开放、更开阔。更妙的是，由好奇心带来的开放和开阔感令人愉悦。因为好奇的觉察本身就是一种奖赏——它是一种基于内在体验的行为，能帮助你脱离习惯回路，同时让你感觉良好，愿意敞开心胸去学习——它本身就是那个特殊的"上上之选"。在你更多地了解和探索好奇心后，我们将进一步探索它对担忧和其他习惯回路有何种影响。

准备好尝试三挡练习了吗？

把你用来替代旧习惯的策略图示出来。它们是哪种类型的"上上之选"？它们会助长习惯回路吗？提示：它们是否带来躁动不安感、紧缩感、短暂的满足感、想要更多的饥渴感？（这些都是"适应"的征兆）又或者，它们会助你打破怪圈，踏上一条完全不同的道路？

第 16 章

好奇心的科学

> 我没有什么特别的天赋。我拥有的只是狂热的好奇。
>
> ——阿尔伯特·爱因斯坦

2007 年,纽约市有一个大动作——在大多数地铁站和火车站安装了列车到达的"倒计时钟"(尽管这种"创新"在伦敦地铁系统早已实施了几十年,在华盛顿、多伦多和旧金山也是一样)。[1] 这耗费了超过 1 760 万美元的投资,值得吗?当然值得。

城市地铁规划者的这一举动,为通勤的乘客们解决了一个难题,一个有关好奇心与大脑学习方式的难题,让乘客的通勤之路和心情都更轻松。

为了帮你更好地理解他们这么做的原因和方法,我们先来看一下好奇心的互联网定义："一种强烈的想要知晓或学会什么的欲望。"

好奇心是每个人与生俱来的、自然的、共有的能力。当我们还是小孩子的时候，好奇心自然处于最旺盛的阶段。如果你能激发自己的好奇心，它会帮助你发现世界是怎样运作的，并让你以孩童般的兴致投入其中。费米实验室第二任主任、1988年诺贝尔物理学奖得主利昂·莱德曼（Leon Lederman）曾说过：

> 孩子们是天生的科学家……他们做的事情正是科学家在做的。他们测试物体强度，测量落体，亲身试验如何保持平衡，他们做各种事情来学习身边世界的物理学，所以他们都是完美的科学家。他们不停地发问，用十万个为什么把父母问到抓狂。[2]

然而，不是所有的好奇心都生而同等，而且，好奇心也并非一直都被看作好事。

有人说，好奇心正是导致亚当和夏娃被赶出伊甸园的罪魁祸首。17世纪哲学家托马斯·霍布斯（Thomas Hobbes）将好奇心描述为"心智的淫欲"，同一世纪的布莱兹·帕斯卡尔（Blaise Pascal）也认为，好奇心"不过是虚荣心的一种"。

不过，要重新唤醒我们孩子般的好奇心，充分激发其潜力，让我们先从神经生物学角度，了解好奇心是怎么一回事。

好奇心的两种风味：愉悦型和不愉悦型

2006年，心理学家乔丹·利特曼（Jordan Litman）和保罗·西尔维亚（Paul Silvia）区分了好奇心的两大"风味"：D 型好奇心和 I 型好奇心。[3] D 型好奇心的"D"代表匮乏（deprivation），意思是如果我们获得的信息不足，就会进入一种焦躁不安、不愉悦、非知道不可的状态，而 I 型好奇心的"I"则代表兴趣（interest），是求知欲中令人愉悦的部分。

换句话说，好奇心——也就是我们获取信息的动力——要么能够引发愉悦，要么能够减少厌恶。

匮乏型好奇心（封闭、不安、非知道不可）：心头之痒，不挠不快

匮乏型好奇心是由信息缺乏所驱动的——常常是某项具体信息的缺乏。举个例子，你看到一位电影明星或其他名人的照片，记不起她的名字，你可能会绞尽脑汁地回忆："哦，她演过那个浪漫喜剧……她……呃，她叫什么名字来着？"努力回忆甚至可能让你进入一种略微缩紧的状态，像是试图从大脑中挤出答案一样。如果绞尽脑汁也回忆不起来，你会在网上搜索这个人演过的电影，找出答案。当你看到这个人的名字时，你会有一种轻松感，因为你不再处于信息匮乏的状态。这种情况也常见于使用短信和社交媒体时。如果你在开会或出去吃饭时，感觉似乎听到新短信的提示音，你可能会留意到自己突然很难集中注意力，因为不知道短信的内容让你焦躁不安，仿佛手机会把你的手包或衣服口袋烧出个洞一样。一旦你查看了发信人或信息内容，这种不确定感的火焰就被扑灭了。

再看另一个例子。想一想遇到交通堵塞，而且不知道拥堵会持续多长时间的感觉。只要你能通过导航软件看到预计拥堵时

长,感觉就会好一些。虽然你需要等待的总时间并没有变化,但焦虑会因为知道拥堵时长而得到缓解。你填补了未知的空白,降低了不确定性。纽约市在地铁系统中安装显示下一趟列车等待时长的数字信息屏,就是为了缓解未知带给乘客的压力。相比于"下一趟车将在 2 分钟后到达,但我不知道",乘客们宁可选择"我知道下一趟车还有 15 分钟抵达"。

缓解不适状态,挠一挠心头之痒,本身就是一种奖赏。这就是为什么电视剧总是在精彩之处戛然而止——为了激发观众的匮乏型好奇心。我们必须知道后面发生了什么,所以看剧通宵达旦!

兴趣型好奇心:睁大眼睛,领略奇妙

当我们对某件事物有进一步了解的兴趣时,兴趣型好奇心就被激发了。这种兴趣通常不限于某项具体信息(比如电影明星的名字),还包含更宽泛的某类信息。举个例子:你知道有些动物只要活着,体形就会一直生长吗?它们被称为无限生长者(indeterminate grower),包括鲨鱼、龙虾,甚至袋鼠。事实上,人们曾发现一只足足 9 千克重的龙虾,根据其大小推断,年龄已经有 140 岁了。不愧是一只长寿的大龙虾!看,这类信息不是很有意思吗?

兴趣型好奇心就像潜入互联网搜索,几个小时后你会发现学到了很多,对知识的渴望也被满足了。学到新东西让人感觉很好。这不同于填补信息缺失,因为原本也不存在缺失(也就是说,你不知道自己不知道龙虾会一直生长,但在了解之后,会感到着迷和愉快)。D 型好奇心的重点是目的地,I 型好奇心则更加关注旅程本身。

那么，为什么我们会进化出好奇心呢？原来，好奇心是以基于奖赏的学习为基础的。（惊不惊喜，意不意外？）

请记住，基于奖赏的学习依赖正强化和负强化。你想多做让你好受的事情，少做让你难受的事情。在穴居人时代，这对我们找到食物、逃离危险至关重要。

好奇心可能也是这样的。

好奇心与基于奖赏的学习具有一致的机制，这一点已得到越来越多的研究支持。

加利福尼亚大学戴维斯分校的马蒂亚斯·格鲁伯（Matthias Gruber）和他的同事进行了一项研究，他们让学生浏览一系列琐碎的问题，并对了解答案的好奇程度打分。[4] 研究显示，在好奇心最旺盛时，大脑中的多巴胺通路激活强度增加，奖赏中心与海马体之间的连接更加紧密（海马体是与记忆相关的脑区）。旺盛的好奇心能够使学生们记住更多的信息，而不仅仅是这些琐碎问题的答案。

汤米·布兰查德（Tommy Blanchard）和来自罗彻斯特大学、哥伦比亚大学的同事们开展的另一项研究，着眼于与信息获取有关的好奇心是如何在眶额叶皮质中被编码的。[5]（还记得吗？眶额叶皮质与奖赏值有关，并且为不同的事物赋予价值，帮你分辨出西蓝花和蛋糕哪个更好吃。）事实上，布兰查德的团队在对灵长类动物的研究中发现，灵长类动物愿意放弃一些奖赏（如喝水）来交换信息。

总之，这些研究表明，"求知若渴"不仅仅是一种比喻。信息的获取在大脑中遵循的基本行为路径与基于奖赏的学习是一样的,甚至也有具体的奖赏值。我们可以将信息和食物、水一起添加到生存必备清单中。而今,原始脑(寻找食物、避免危险)与进化脑(获取信息以规划和预测未来)合作,能够帮助我们成长和繁衍。但是在好奇心这件事上,是不是信息一定越多越好呢?

不一样的风味,不一样的奖赏,不一样的结果

不同"风味"的好奇心,也有着不同的"滋味",这与它们在身体上产生的感觉不同有关:匮乏型好奇心带来封闭感,兴趣型好奇心带来开放感。那么,驱动这些行为的奖赏又有何不同呢?对于匮乏型好奇心,奖赏就是得到答案;而对于兴趣型好奇心,感到好奇的过程本身就感觉不错。

这一点非常关键,原因有两个。首先,对兴趣型好奇心,你无须从自身以外寻求奖赏,因为它本身就是一种奖赏;其次,兴趣型好奇心是与生俱来的,它不会被耗尽。

兴趣型好奇心可能是取之不尽用之不竭的,此外,与匮乏型好奇心带来的封闭、心痒难耐的感受相比,兴趣型好奇心感觉更好(奖赏性更高)。

那么,怎样利用这些知识,来优化好奇心驱动的学习呢?首先,我们可以用倒 U 形曲线来呈现好奇心与知识之间的关系。想象一下,好奇心是纵轴,知识是横轴(见图 16-1)。如果你对某样东西知之甚少,你的好奇心也会很弱。随着你有了一定的了解,好奇心也会上升,直到曲线趋于平缓。当了解进一步增多,好奇心又会下降,因为你的信息空白已经被填补了。

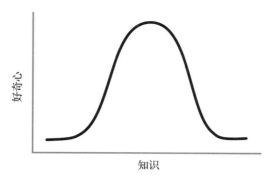

图 16-1 好奇心变化曲线图

换句话说,好奇心似乎遵循着一条关于信息的金发姑娘原则[○]。对某件事物的不确定性太少,就不足以激起人的(匮乏型)好奇心;不确定性太多,则会引发焦虑。要让引发"刚刚好"的好奇心,需要处在倒 U 形曲线的顶端区域,并以恰到好处的信息量来维持它。

将好奇心用于习惯改变和学习

我们中的大部分人,都通过匮乏型好奇心来了解自己和世界,就像是求解问题的答案。但实际上,通过在匮乏型好奇心和兴趣型好奇心之间来回体验、比较,我们每个人都能很容易地培养和维持好奇心。你可以利用这二者之间的互动,打破旧习惯、建立新习惯。这本书读到现在,你已经对自己心智和大脑的运作方式有了一些了解,如知道了习惯的形成与识别奖赏值有关。这能让你的好奇心在倒 U 形曲线上继续攀升,越来越感兴趣于怎样

○ "金发姑娘原则"来自童话《金发姑娘和三只熊》,强调"恰到好处"的重要性。——译者注

驯服大脑为你所用，而非成为欲望和习惯的奴仆。是的，这又和卡罗尔·德韦克的成长型思维模式不谋而合——对我们的体验秉持开放的态度，乐于从体验中学习，而不是一看到"失败"的迹象就封闭起来（并从倒 U 形曲线上滑落，陷入缺乏兴趣或挫败的状态）。

希望你现在已经掌握了足够的概念信息，正处于对自己的体验生出越来越浓厚的好奇心的阶段。这将使你从企图通过"想明白"来摆脱焦虑、改变行为的徒劳中解脱出来，转而学习驾驭好奇的力量，调用这种可以自我驱动的内在资源（因为它的奖赏性很高）。你可能已经明白了，它会让你停留在倒 U 形曲线的顶端——你越来越好奇焦虑是怎样的感受，好奇焦虑如何触发了担忧和拖延的习惯回路，而不再假定自己对焦虑了如指掌，焦虑一成不变，或者你必须找到治愈焦虑的灵药或神技。这也会帮助你应对自己的各种习惯，即使陷入了习惯回路，好奇心也会继续滋长——我将在现在的体验中有什么发现呢？

正如爱因斯坦所说："好奇心自有其存在的理由。一个人在冥思永恒、生命和现实的奇妙结构背后的奥秘时，会禁不住感到敬畏。每一天，人只要稍微尝试理解这种奥秘，就足够了。永远不要失去神圣的好奇心。"[6]

好奇心：我们与生俱来的超能力

在人类的所有能力中，我认为好奇心位居榜首。好奇心帮助我们学会生存，带我们享受探索与发现的乐趣，它真的是一种超能力。

2019年秋天，我为美国奥运女子水球队带领了一次7日止语静修营。这是一群了不起的女性，曾蝉联两届奥运会冠军。她们在抵达静修中心时，带着新鲜斩获的世界冠军头衔和泛美运动会金牌。她们是世界上最棒的女子水球队，没有之一。作为顶尖运动员，她们还有什么需要我来教的呢？

我和好友罗宾·布德特（Robin Boudette）博士一起，在科罗拉多州的大山里带领了这次静修营。我们经常合作带领周末工作坊和静修营。在静修三天后，我们带领队伍进行了一次山中徒步，到顶峰俯瞰山谷里令人叹为观止的景色。攀至顶峰时，我决定给她们放个大招。在之前的几天里，我和罗宾一直在强调好奇的态度有多重要，从冥想到饮食，事事都要带着好奇的态度来做。不过，对于如何敲开好奇之门，我们却一直引而不发，等待合适的时机。这个时机正是现在。

默默数到三之后，我和罗宾一起大声发出"嗯——"（hmm）的感叹声［这是我们对某事感到好奇时，自然发出的那种"嗯——"声，不同于传统祷文中的"唵"（Om）］。我们让她们也跟着我们一起做，集体的"嗯——"声回荡在山脊上。这个操作让我们所有人从头脑中跳出来，进入到好奇的直接体验之中。

接下来的几天，队员们在这个好奇心练习中如鱼得水。当她们在练习中感到挫败或卡住时，一句"嗯——"，似乎就可以帮她们探索自己的身心感受（而不是努力纠正或改变感受）。当她们陷入担心或自我评判的习惯回路时，"嗯——"可以帮她们切换到三挡，脱离习惯回路。她们发现，"嗯——"可以帮自己后撤一步，看见习惯回路的组成元素本质上就是想法和情绪，而不是让头脑失控

"空转"，助长自我评判的习惯。

好奇心还能帮助她们以一种不加评判的方式，与当下的实际体验相联结。事实证明，这比她们习惯性使用的任何一种力量或意志力都更为强大，而且还给静修营带来了一丝有趣甚至是喜悦的态度。（当你整天都在"嗯——"的时候，是很难维持矜持严肃之态的。）

多年以来，我发现如果教会人们这个简单的工具，无论语言、文化或背景如何，他们都可以直接进入自己的具身体验，激发与生俱来的好奇心。它避免人们陷入"头脑陷阱"，即想靠填补知识空白来解决问题——恰恰相反，它让人径直进入甜蜜地带，直接体验开放、投入和好奇。

兴趣型（而非匮乏型）好奇心，完美地满足了三挡的所有条件：它是基于内在体验（因而随时可用）的"上上之选"行为，能让我们以一种可持续的方式脱离旧习惯回路。

下面这个好奇心如何起效的例子，来自我们"给焦虑松绑"手机应用的一名用户：

> 在我刚开始这个项目时，不太相信好奇心会有什么用。直到今天，我经历了一波惊恐发作。当时，我的自动回应不是马上感到害怕或恐惧，而是"嗯？这种感觉很有趣嘛"。就这样，焦虑的气球一下就扎破了！我不是口头说说而已，我是实实在在地感受到了。

时不时有人问我："假如我并不感到好奇的话，怎么办呢？"

我的回答是："用'嗯——'这个'魔咒'（mantra）来带你纵

身跃入体验。'嗯——'不好奇……是一种怎样的感受呢?"这会帮助他们从思考和解决问题的心态,切换到好奇地觉察身体上的直接感觉和情绪的状态——跳出思考的头脑,进入感受的身体。

怎样训练好奇心

在"给焦虑松绑"手机应用中,第一天的练习就是我教授的好奇心练习。这个练习可以在焦虑来袭时起到"紧急按钮"的作用。让我们来简单体验一下,时长大约两分钟。

首先,找一个安静舒适的地方。你可以坐着,躺着,甚至站着;重点是让你可以专注、不被打扰。

回想你最近遭遇的一次习惯性的争吵或冲突。看看你能不能记起这个情景,然后直接切换到二挡(以回顾的视角):聚焦到行为本身。

看看你能否重温那段体验,聚焦于你即将付诸习惯行为时的感受。那种"往前冲吧""走起"的冲动,是什么样的感受?

现在让注意力来到身体上。

此刻你最强烈的身体感觉是什么?以下是有关身体感觉的单词、短语列表,请从中选出最符合你感受的选项,只选一个:

紧绷
压迫感
收缩
焦躁不安

> 呼吸短浅
>
> 灼烧感
>
> 紧张
>
> 攥紧或咬紧
>
> 发热
>
> 胃部紧张
>
> （耳边）嗡嗡作响、颤抖

这种感觉是在身体左侧更明显，还是右侧？身体的前侧、中间、后侧呢？哪个部位感觉最强烈？

现在在心里发出一声"嗯——"——这个"嗯——"引起的身体感觉，是位于身体左侧还是右侧呢？是在身体中间、前侧，还是后侧呢？

不必担心你选择的身体部位对不对，任何部位都很完美。

以好奇的态度，探究哪个身体部位有感觉，你在这个过程中有什么发现？一点点好奇的态度，是否有助于你更贴近这种身体感觉？

如果这种身体感觉依然存在，看看你能否带着好奇，去留意那里还有没有其他体验。你是否感受到其他身体感觉？当你带着好奇去体验它们的时候，发生了什么？它们变化了吗？当你对这些体验保持全然好奇的时候，发生了什么？在接下来的30秒内，继续跟随这些体验，不要试图干预这些体验或做些什么，只是单纯地观察它们。当你以好奇的态度去观察它们时，它们是否有任何变化？

下面这个例子,也来自我们"给焦虑松绑"手机应用的用户:

压力测试练习[1]太棒了!真切感受到身体的某些部位承载了压力,然后"深入"地体会这些真切的身体感觉,这彻底改变了体验本身。在转向压力和不适的过程中,我发现它们(身体感觉)摇身一变,成了浓厚兴趣的来源,也甩掉了我强加于它们之上的负面色彩。好奇心可以战胜焦虑!这一点我已经听说过很多次了,但由内而外地理解,完全是另一回事。我现在能看见这是如何起效的,这让我觉得自己也可以做到。

这个简短的练习,只是为了让你品尝一下好奇心的滋味,以支持你使用这种与生俱来的能力,即觉察甚至好奇于当下的身心体验,而非陷入习惯回路。如果你留意到自己能带着好奇,与想法、情绪和身体感觉共处,哪怕与过去相比只是多了一微秒,你就已经向前迈了一大步。

这就是三挡:它是一个走出旧习惯回路,进入当下的过程。当你念出"魔咒""嗯——"时,就会唤起孩子般的着迷,尤其是如果你已经有一段时间没有用"魔咒"时。"嗯——"帮助你纵身跃入直接体验当中,而不是卡在头脑中、奋力改变那些讨厌的习惯回路,或者努力修正自己。

每当想做一个习惯行为的冲动出现时——甚至你已经开始了这样的行为时——看看是否可以练习切换到三挡。甚至可以在二挡练习("此刻我正在从中得到什么")中也带入好奇的态度,这会让你更开放地面对体验,进入成长型思维模式(观察和学习)。

---

[1] 即上文描述的练习。——译者注

第 17 章

戴夫的故事 3

这一章,是关于戴夫如何增强自己的好奇心,从而战胜恐惧和焦虑的故事。

在一次门诊中,戴夫告诉我,他小时候曾遭到父亲的躯体虐待。他只是坐在那里做自己的事情,他的父亲会突然揍他,毫无缘由(不是说有理由就能打自己的儿子),仿佛戴夫只是一个随手用来撒气的沙袋。戴夫意识到,由于遭受过虐待,他的大脑从童年起就时刻处于警戒状态——总是在寻找危险。他的大脑根本无法判断哪些环境是安全的,哪些是真正危险的,因为他的父亲总是随意地扇他耳光,没有规律可循。(还记得第 3 章的间歇强化概念吗?它的适用范围不限于让人们沉迷于社交媒体。)戴夫的大脑无法使用基于奖励的学习过程来评估行为的安全与否,所以它干脆假设一切都不安全(这样反而更安全)。30 多年来,他一直保持高度警戒（并伴随高度焦虑）状态。

这一发现，让戴夫顿悟：自己的高度警戒模式是一个习惯，并且已成为他的自我认同。

为了解决这个难题，我向他介绍了一个简单的练习。我告诉他，当他感到自己好像处于高度警戒状态时，应该花一点儿时间对当下的感受保持好奇，并确认是否真的存在危险。我邀请他现场试一下这个练习，并报告练习体验。他完成练习后，分享道："哇，当我去寻找那些感受时时，它们就消失了。"

"此时此地存在危险吗？"我问道。

"没有危险……只有平静。"戴夫说。

我们要看到高度警戒的习惯模式的本质：在身体感知到危险时产生的生理感觉。在没有危险的情况下，仅仅是好奇这些身体感觉到底是怎样的，戴夫自己就会明白，这些身体感觉不仅不准确（没有危险的时候却发出危险信号），而且会自行消退。

我让他回家继续练习。他只是需要一些时间和反复练习来更新大脑中的记忆系统，从"不安全"模式转换到"安全"模式。重要的是，我并没有试图让他相信自己是安全的，也没有要求他说服自己相信。相反，我们训练他给自己的大脑提供更准确的信息。

随着时间的推移，戴夫明白他没有必要一直焦虑。讽刺的是，当他享受这段意义重大的平静时光时，这感受如此陌生，他的大脑会蹦出各种想法，想知道是不是出了什么问题（因为戴着旧习惯的滤镜），自己是否应该焦虑。

戴夫表现出了典型的"大草原行为"（savannah behavior）。请记住，我们的大脑进化形成了"安全第一"的生存取向。如果我们正在探索大草原的新领域，就必须时刻警惕危险。只有当我们反复排查某片区域，并且没有发现任何危险迹象时，才有可能放松下来。这就是现代舒适区概念的来源。当我们在安全熟悉的地方时，会感到舒适。这可以是一个让人感觉安全的物理场所（比如我们的家），一种我们擅长的活动（比如玩我们最喜欢的运动或乐器），甚至是一个我们可以栖居其中的精神空间（比如，教授改变习惯的研讨课是我的"甜蜜地带"，数学则不是）。

当我们离开舒适区时，我们的生存脑开始发出警告：正在进入未知区域——危险！假如在我们眼中这个世界只有安全或不安全之分，那么仅有的选择就是舒适或者危险：要么在舒适区，要么在危险区（也被我的许多患者称为恐慌区，因为身处其中让他们感到强烈的不适，以至于开始恐慌）。戴夫这样向我描述：感受不到焦虑让他焦虑，因为他不熟悉这种感受。换句话说，如果一个人在新的心理空间中感到不适，即使这里是一座平静的花园，也会触发他的生存脑警惕危险。谁知道呢，平静也可能是危险的。

用好奇心替代旧的习惯行为

然而，实际上还有另一种选择。让我们再次回到卡罗尔·德韦克的固定型思维模式与成长型思维模式，我们可以在舒适区与恐慌区之间添加一个区：传说中的成长区（见图17-1）。舒适区之外的世界并不总是危险的，我们只需要检查一下是否存在危险。无论是一个新想法、一个陌生的地方，还是一个我们刚刚认识的人，我们都可以充满恐惧，也可以选择以好奇的态度去探索这些全新的领域。我们的好奇心越强，就越愿意敞开自己，从探索中学习和成长，而不是一有不舒服的迹象就封闭起来，或逃回安全空间。我们所有人都须牢记：变化有可能很可怕，但并不是一定很可怕。我们越能学会靠近差异带来的不适（如意识到陌生的事物可能会让我们紧张），就越能在成长区也感到自在。毕竟，这就是我们学习和成长的方式。还有额外的收获：随着我们在成长区感到越来越自在，成长区也变得越来越宽广。

图 17-1 "舒适区""成长区""恐慌区"位置示意图

我和戴夫用交朋友来打比方。有时老朋友会让人感觉舒适，因为我们对他们很熟悉，其实他们现在不一定好相处（比如一个童年的朋友总是取笑你）。戴夫也能觉察到这一点。他发现，正是因为熟悉，焦虑也莫名成了一种慰藉。好在，他已经超越了这个习惯。随着戴夫开始去除焦虑的旧习惯回路，他学会更多地待在成长区，从而也开始对轻松、平静甚至是快乐的感受更熟悉自在。他找到了"新朋友"，而且它们很有可能会陪伴他一生。

我在本书中从头到尾都在强调好奇心的重要性。我一直说，好奇心是一种超能力，它帮助我们用一个简单的"行为"——好奇的觉察，替代旧的习惯行为。遇到不愉快的体验（特别是焦虑和恐慌）时，我们倾向于逃离它们，之后"逃"就会演变成习得的行为。不过，有了好奇心，我们就能学习转向甚至靠近不愉悦的体验。好奇心帮助我们学习探索身心的感受，看清它们本质上不过是来来去去的想法和身体感觉。好奇心让我们冲破藩篱，脱离旧习惯回路——"哇，担忧居然会让人感到安慰，这难道不是很神奇吗？"

好奇心不同于意志力或毅力。毅力需要下决心，而这会消耗大量能量。当能量消耗殆尽，我们会狼狈不堪（精疲力竭和挫败）。简单地说，努力需要努力。当我在山地骑行时，意志力会帮我挂上低速挡，一路"死磕"到山顶；但在高难度的下坡或穿越复杂的岩石灌木路段时，我发现"死磕"毫无用处。如果我只是把前轮对准岩石，试图用蛮力碾压过去，结果就是摔倒。

好奇心则截然不同。当你对什么事物感到好奇时，不费吹灰之力就会沉入其中，因为好奇心本身就让人感觉良好，它富有奖赏性。你对自己的体验越是好奇和开放，省下来用于探索的能量就越充沛。在山地骑行时，好奇心也大显神通：在地形复杂的高难度路段，我能自由探索各种不同的、创造性的穿行方式，而非盲目试图用力冲过去。

如果面对的是你自己的心理障碍、困难和习惯，你还有大片地形需要探索，尤其是你心智的疆域，那丰饶的、魅力无穷的领域。因此，不要强行费力前进，让好奇心自然地推动你前行，让它帮助你培养应对未来新挑战的能力，同时保存力量以备不时之需。

此外，好奇心会自然而然地让你从固定型思维模式转变为成长型思维模式。你对你的体验越是好奇与开放，就能储备越多的能量用于探索。好奇心的功能是帮助你学习，而只有积极参与才能做到这一点。

在几个月间，戴夫发现了好奇心的力量。他给我写了一封电子邮件：

> 我想要人们知道我的变化有多大，最严重时我惊恐得不敢下床，而昨天我在罗得岛开了一天优步网约车。3周以前，我甚至不敢开车送女朋友去机场，而昨天我毫无焦虑地把乘客送到了机场。现在，我甚至不用担心日用采购了，但两个月以前我连有机食品超市都不敢进。我取得了巨大的、健康的进步。我没有迷上药物或依赖药物生活。我正在脱胎换骨，成为一个更快乐的人。

这并不意味着戴夫的焦虑神奇地消失了。当焦虑来袭时，戴夫调用自己的好奇心这个"上上之选"，替代了过去的恐惧反应，从而不再被焦虑驱使。通过这种方式，戴夫回到了驾驶座上，根据自己意愿来探索生活。

呼吸

成年人往往在很多事情上太在意别人的看法，包括在公共场合（甚至是对自己）说"嗯——"即使声音很轻柔或看起来很自然。但这并不意味着你就无法练习好奇心，你可以在你感觉更自在的地方练习，如有水流声的淋浴间，这里没有人能听到你发出好奇的"嗯——"声（"嗯——这块肥皂闻起来到底是什么味道呢"）。如果你有孩子，你就有机会在三岁孩子身上观察到"纯天然"好奇心，并且参与其中。接下来我还会介绍一种可以随时使用的、有助于你脱离旧习惯回路的三挡技术，这是一种不易察觉、不会引发不安全感的练习，在旁边有人或工作时也可以练。

呼吸练习

三挡就是找到一个便捷可行的"上上之选"，它既有助于你脱离旧的习惯回路，同时不会助长习惯回路过程。

医护人员在医院抢救休克患者时，首先会执行 ABC 施救法。

ABC 代表着气道（airway）、呼吸（breathing）、循环（circulation）。首先是打开气道（A），因为如果患者气道堵住了，他怎么呼吸呢？接下来是检查呼吸（B），如果患者在呼吸，那就很有可能还活着，因此医护人员可以在此停下来，避免造成更多伤害。

如果你正坐着开工作会议，那么很有可能在场每个人都在呼吸。既然每个人都在呼吸，那么当你恰好留意到自己即将陷入某个习惯回路（如想要打断别人或者为自己辩解）的时候，完全可以继续维持常态，同时关注自己的呼吸，这将停止对旧习惯气焰的助长。看，你的呼吸就是一个很棒的三挡"上上之选"：

第一，你的呼吸随时可用。
第二，关注呼吸能帮助你脱离旧的习惯回路。
第三，呼吸不会助长习惯回路本身。

市面上有多如牛毛的训练指南和专业书籍，旨在教你如何通过关注呼吸将自己"锚定"在当下，敬请随意阅读。[我最喜欢的一本书是德宝法师（Bhante Henepola Gunaratana）写的《观呼吸：平静的第一堂课》。]

这里我将介绍一个简短的呼吸练习，你可以在开会时使用。

以一个舒适的姿势坐着，这可能就是你现在的状态，或舒适地站着也可以（如果是站着开会的话）。不要闭上眼睛，否则大家会觉得你在打瞌睡。问问自己：我是如何知道自己在呼吸的？并且好奇地体会在身体的哪些部位可以感受到呼吸的感觉（这里可以在心里"嗯——"一下）。你也许会留意到腹部起伏的感觉；如果你有点儿紧张、呼吸比较浅，可能会留意到胸部的起伏。（如果你留意到鼻子呼吸的感觉，那你的进度已经超前了，因为这个部位呼吸的感觉相当细微。）

当你在身体上找到呼吸的感觉后，你可以继续关注呼吸。当关注呼吸变得无聊或困难时，有办法可以增强好奇心：可以观察影响呼吸循环的身体自然过程，如吸气或呼气何时结束，何时转换，或一呼一吸之间身体停顿了多长时间。（相信我，观察自己的呼吸真的很有意思！）

要把呼吸练习应用到焦虑、冲动或其他与习惯回路相关的情境中，可以试试以下改编版本：

带着好奇心去觉察，当你感受到焦虑或想要纠正同事的发言的冲动时，身体上哪个地方感觉最强烈。现在，慢慢地用鼻子吸气，把气息直接带到那个身体部位（不用担心生理上怎样才正确，只要尝试着做就行）。让气息进入焦虑或冲动的感受中，屏息一会儿，再呼出。如果你能接受略带"玄学"色彩的做法，在呼气时，尝试将焦虑或冲动的感受一起呼出。如果你不喜欢"神神道道"的，那只须觉察，伴随一次完整的呼吸循环，不适的身体感觉是否发生了变化。再来一次。缓慢、深长地呼吸，想象友善、好奇的气息深入到你的焦虑之中。让呼吸像一条温暖的、由好奇和友善织成的毯子，包裹着焦虑的感受，停留一会儿，呼气，放下。看看焦虑的感受是否随着呼气有所释放。

你可以花一两分钟重复几次刚刚这样的呼吸过程，或者继续练习，直到你平静知足的神情让你的老板起了疑心。

下面是一个在真实生活中有效运用呼吸觉察的实例，分享者来自我们"给焦虑松绑"手机应用的测试用户。当时这位用户恰好正在工作：

开会时，我发现自己对即将提出一个难点感到焦虑。我感到呼吸有一点儿浅，于是开始好奇这种感觉，并且做了一点儿标记——"我好奇为什么"和"噢，这是焦虑"——我安全返航了！焦虑消失了！这就是三挡！

（这个例子实际上是一个混合了呼吸、好奇心和标记的练习。稍后我会介绍标记练习，不过其实你已经能理解了。）

我们再来看一个例子：

> 今天开会时，我收到了一些负面反馈，这让我很惊讶。这是很有趣的体验，我感受到一股热潮冲上脸颊，压力反应瞬间升起，然后再从中撤出。我能够在更长的时间里保持安静，更好地倾听，清晰地留意到会上其他人的压力反应。我的下一个目标是，能够更加平静，在那一刻仍然能清晰地思考，并做出从容有力的回应！

请注意，好奇心并不是那种能让你预知未来或舌战群儒的魔法超能力，它只是能帮助你后撤一步，避免你陷入习惯回路。

呼吸是一个方便的觉察对象，当你留意到自己身处焦虑习惯回路的悬崖边缘时，可以把呼吸当作悬崖边的树桩，抓住它就能避免跌入深渊——为什么？看看哪个感觉更好就知道了：陷入一个你一直想要彻底改变（并一直为之苛责自己）的习惯回路，还是脱离它？

你可能还会好奇，为什么关注呼吸不是另一种形式的转移注意力。这是因为，关注呼吸让你具身地体验当下。换句话说，在此时此刻，你与自己的直接体验同在，而非向外索求，逃离当下的体验。

好了，现在，看看你是否可以心无旁骛地加入游戏，自然地锻炼"好奇心肌肉"（如果你还没有的话），还可以看看把呼吸觉察融入其中，又是怎样的体验。这两个练习都是很棒的三挡练习，有助于你脱离旧的习惯回路，建立奖赏性更高的新回路。

第 18 章

下雨天的好处

在互联网和其他"大规模分心武器"被发明出来以前,下雨天在家常常意味着发挥想象力,发掘一些好玩的事物。对我来说,下雨天意味着找一个玩具,以科学的名义破坏它。在"让我们搞清它的工作原理"的幌子下,我会找锤子、螺丝刀或其他任何需要的工具,拆解玩具,看看它是如何运转的。

有一天,我在楼上的房间里遇到了一个特别棘手的拆卸难题,而且我愚蠢地认为解决这个问题需要一把刀。作为一名童子军,我了解刀的正确使用手法,并被允许拥有(有时还可携带)一两把刀。不幸的是,当我拿刀拆解玩具时,用力太猛,结果刀子一滑,在我的拇指中间割开一个很大的伤口。也许是出于未来医生的第六感,我本能地遵循了基本生命维持方案——"首先拨打911",然后跑下楼去找我妈妈(这是手机时代来临前的做法)。

我一边跑,一边急忙用另一只手的食指和拇指当作"止血带"按压住伤口。找到妈妈时我肯定还没有因脑部失血而昏厥,因为我还记得自己像任何一个不懂解剖学或医学的孩子一样理直气壮地嚷嚷:"我一定是伤到了动脉!"(客观地说,那个伤口很深,伤疤现在仍然清晰可辨,几乎完美地将我的左手拇指的指纹分成两半。)母亲比我更有智慧,她平静地向我保证我没有伤到动脉,并帮我包扎了伤口。

到底发生了什么?那时,我一门心思只在把手头的玩具拆开,以至于没有真正注意自己具体在做什么。

- 触发物:因拆不开玩具而感到挫败
- 行为:忽视刀的正确使用方式;抓住锐器,用力过猛
- 结果:割伤拇指

需要澄清的是,上面图示的习惯回路并不是说我有割伤拇指的习惯——我的确有一个根深蒂固、令我无法自拔的习惯,就是总想一口气把事情做完,无论是把房间里某个松了的螺丝拧紧,还是组装一个新装置,在完成之前我甚至不会停下来歇口气,或去拿趁手的工具。

- 触发物:不想停下来找任务所需工具而产生挫败感
- 行为:继续试图用餐叉一端拧紧橱柜上松掉的螺丝
- 结果:螺丝被拧坏了,需要被拆除和替换

习惯回路让我们一错再错

成年很久之后,我才意识到自己的这种习惯模式。打破这

一模式的方法,就是看清被随手抓的餐具拧坏的螺丝和螺帽(二挡),以及花30秒去车库找到合适工具的结果——更快、更利落地完成了任务(三挡)。

当我们陷入习惯回路时,原先的规矩就丝毫不作数了。难道你以前没试过用规矩来改变习惯吗?比如"不准吃糖""总是彬彬有礼"或者"只有克利夫兰布朗队赢得超级碗时才喝一杯酒"?这些规矩的效果怎么样? 3天不吃糖,你发现自己处于严重的糖戒断反应中;你急切地走向酒柜,一路烦躁地斥责所有挡路的人;你心知肚明,你与自己有关克利夫兰布朗队的约定只是酒后戏言,根本不作数。

问题在于,规矩就是用来打破的,那些认为规矩是"愚蠢的"的孩子尤为奉行这一点。为什么?因为孩子们还没有从经验中吸取教训。前额叶皮质可以告诉边缘系统"刀很危险",但边缘系统并不会理睬理性的提醒。它必须感受到伤口的疼痛,才能吸取教训。这显然正是发生在我身上的事情:无须别人提醒,我以后用刀会倍加小心。我从那道致命的刀伤中吸取了教训,从那以后就一直遵循用刀的常规注意事项。

卡在习惯回路中,且对当下失去觉察,可能会导致一错再错:我吓坏了(不小心割伤自己,看到血流如注,断定情况相当糟),进而匆忙下结论(伤到了动脉)。我们来看另外一个故事,看看面临生命危机时,保持觉察是多么重要。这个故事也会告诉我们如何保持冷静。

那时,我还是一名医学院三年级的学生,正为能真正在医院照顾患者而兴奋不已。一天晚上,病房里比较太平,因此主治医师（带我们的组长）把医学生和住院医师召集到一起，开展团队协作的"教学时刻"。所谓教学时刻常常包括一些需要上手的实践操作，如戴手套、处理粪便、患者离世时的仪式等，因此我振作精神，严阵以待。

出人意料的是，他没有让我们做常见的磨砺训练，而是讲述了他还是一个年轻气盛的住院医师时发生的故事。首先，他让我们记住这句话："如果患者身故，先检查自己的脉搏。"

当时，这位医生还是一位年轻的住院医师，正坐在重症监护室里处理手头的事情。突然，他听到一位患者的心电监护仪从通常代表"患者活着，一切正常"的"嘀、嘀、嘀、嘀"声，切换到"患者可能死了"的"嘀——"声。于是这位医生飞奔过去，瞬息之间落拳在患者胸膛上，实施了一次救命的心前区捶击。（心前区捶击是一个术语，指给人胸部沉重一击，这是一个反直觉的方法，能让骤停的心脏重新跳动起来。）

令他惊讶的是，患者喊道："喂，你干吗？"检视事件顺序后（因为患者显然还活着），我的带教医生尴尬地发现，心电监护仪只是在患者睡着时从他身上滑落了……如果不检查生命体征，身处房间另一头的人，就非常容易误以为沉睡的患者已经身亡。

这位医生接着解释了他是如何①一直关注其他事情（而不是这个患者），②惊慌失措，结果③不记得检查患者生命体征，盲目得出结论，从而④采取了错误行动，差点儿对这位可怜的患者造成伤害。

假如医生先检查了自己的脉搏，他可能就会看一下周围，发现他的患者还有脉搏，只是心电监护仪滑落了。随后，在没有压力或前额叶皮质在线的情况下，医生自然会知道，他应该轻轻地将监护仪放回可能还在熟睡的患者身上。

幸运的是，整个事件中唯一受损的是我的带教医生的自尊。

通常情况下，要改掉一个坏习惯是非常耗费精力的。事实上，我们可能愿意倾尽全力改掉坏习惯。这种不惜一切的方法有巨大的代价，包括全力以赴不见效时与日俱增的挫败感和压力。如果你正面临这种情况，你需要找到办法让自己关注当下、乘着压力的浪潮前行，而不陷入挫败的习惯回路。这会让你的前额叶皮质持续在线，不至于让情况变得更糟。好奇心既是一种重要的态度，也是一个值得不断加强的三挡练习，在类似之前那位医生面临的情境里，保持好奇会很有帮助。保持前额叶在线的另外一种方法，是关注几个呼吸循环，这将给你一点点喘息的空间，让你可以践行医生的忠告——先测脉搏，从而避免具有破坏性的后果。下面是另外一个三挡练习，它有助于应对冲动、渴求之类的烦恼，对惊恐发作也很有帮助。

RAIN 练习

渴求和焦虑悄悄向你袭来，并在你意识到之前，你就会完全陷入其中的某个习惯回路。但你不必成为那些习惯回路的奴隶。冲动和渴求只是玩弄人心的身体感觉，你越能意识到这一点，就越能学会安然渡过它们。

下面介绍的是一个叫 RAIN ⊖ 的练习，这个词由练习中 4 个

⊖ 这个词在英文里是"雨""下雨"的意思。——译者注

步骤的关键词首字母所组成。当焦虑回路来袭时，它能帮你联结当下，不至于惊慌失措。[这个练习由美国冥想教师米歇尔·麦克唐纳（Michele McDonald）于数十年前首创，此处我稍微做了一些调整，在其中融入了已故缅甸冥想教师马哈希·西亚多（Mahasi Sayadaw）推行的"标记（noting）练习"。]

  识别（Recognize）或放松体会（Relax）正在升起的体验（如：你的渴求）。
  接纳（Accept）或允许（Allow）它的存在。
  探索（Investigate）此刻的身体感觉、情绪和想法。
  标记（Note）每一刻正在发生的体验。

标记部分类似于物理学领域的观察者效应（observer effect），即观察行为改变了被观察的现象。换句话说，当我们留意（并标记）身体中升起渴求时的生理感觉时，仅仅通过这一观察，我们就已经不再那么卷入其中了。标记本身也是一个独立的练习，我会在后面的章节中加以介绍。

以下是基础版RAIN练习：

  首先，识别压力的到来，放松体会它。
  不要咬紧牙关抵御！只是放松，感受它的到来，因为你无法控制它。你甚至可以笑一笑。真的。
  允许和接纳压力本来的样子。不要试图推开它，或者忽视它。
  不要转移注意力，或试图做些什么。这就是你正在经历的体验。它就在这里。

要接住焦虑来袭的浪潮,你必须仔细研究它,探索它发展变化的过程。

保持好奇。可以问问自己:"我的身体此刻正在发生什么?"不用去搜寻身体感觉。看看你的觉察中最明显的身体感觉是什么。让它自己来到你这里。

继续保持好奇。这种感受来自身体的什么部位?

这到底是一种怎样的感受?

是胸部的紧绷感吗?是腹部的灼热感吗?是一种让人必须做点儿什么(比如逃跑)的不安感吗?

最后,标记这个体验。这能让你停留在此时此地,保持好奇和专注,踏浪而行。使用短语或单词来简单标记即可。这有助于你远离思考或"想明白"模式,直接体验此刻正在经历的一切。例如,随着感受出现并到达顶峰,你可能会标记收紧、上升、灼烧、热、烦躁不安,然后是伴随感受消退而呈现的震动、紧绷、刺痛、减轻、放松、释放和扩展。如果出现想法,只要简单标记"思考",不要陷入分析或者解决问题模式中。标记你实际经历的体验。

跟随体验的浪潮,直至它完全消退。如果你分心了,或者注意力转到了其他事物上,只要将注意力带回到探索的过程即可。保持好奇,问问自己:"我的身体此刻正在发生什么?"在这感受中踏浪而行,直至它完全消退。

也许你会发现,RAIN 建立在你已学习过的好奇心练习的基础上。探索你的感受,这能帮助你聚焦于每时每刻的体验,并对它们产生好奇。随着你不断发掘自己的好奇心,日渐擅长这项练习，你可能会发现它甚至挺有趣的。(真的!)

以下是"给焦虑松绑"手机应用的用户分享的一个体验。

首先,她图示自己的头脑,以便对自己的习惯回路更有觉察(一挡),并进一步探索了结果(二挡):

> 我更多地反思自己的习惯回路,尝试一整天都去观察它们。我对工作中的触发物尤其注意。有一次开会时,我先发言,紧接着我的上司也发言了,我感觉他们是不是认为我的发言不够好——这触发了我的恐惧反应:我害怕我无法为项目带来新价值,对自己的发言变得格外小心,不敢随便多说什么。有时候我干脆闭嘴,一言不发;有时候我试图说点儿什么为自己"找补",然后又会后悔,并且对发言更加战战兢兢了。

接着,她用 RAIN 练习来切换到三挡:

> 今天,我有一个练习 RAIN 的有趣体验。我必须出席一个会议,有个我很害怕看见的人也会参会。我们过去曾是朋友,但他后来和我断交了,因此每次想起他、看到他都会让我感到很痛苦,产生很多负面感受。我能感到自己害怕这场会议,然后,我开始好奇,这种害怕到底是怎样的感受。我还决定,既然在会议中我必然会感到焦虑,那么我应该尽力标记焦虑的内在感觉。这个办法效果相当不错!我能够标记"紧缩",或者"心跳加快"。一开始,我还担心标记会很难,因为我还要组织讨论,但标记所需时间不过一瞬,所以实际上一点儿

都不难。事实上，我认为这个练习真的有帮助，因为为了标记，我必须在讨论时专注当下，而不是迷失在自我评判和自我伤害的思维回路中。所以，尽管会议并不轻松，我仍然为自己应对的方式感到骄傲。我认可并欣赏自己的这一成就，它改善了我在这一整天的心境。

注意，在短时间练习 RAIN 后，她的前额叶皮质功能保持在线。她能停留在当下，组织讨论，而不是迷失在自我评判的习惯回路中。

下次你留意到某个习惯回路袭来时，看看能不能试一下 RAIN 练习。

以下是 RAIN 练习的卡片版，你可以复印或者用手机拍下来随身携带，在有需要时随时参考。

RAIN

识别当下正在发生的体验。

允许/接纳：不要推开它或试图改变它。

探索身体感觉、情绪和想法：问问自己："嗯——我的身体此刻正在经历什么？"

标记你正在经历的体验。

第 19 章

你需要的只是爱

不久前,我与一个因暴食障碍而被转介给我的 30 岁女性患者会谈。她的体形极度肥胖,身体质量指数(BMI)大于 40(正常值在 18.5 至 25 之间),并且满足暴食障碍的所有标准:进食速度比常人快很多;过量进食,直至撑得不舒服;在身体没有饥饿感的时候大量进食;在过量进食后感到恶心、沮丧或内疚。

我询问她的成长史,她向我描述了自她 8 岁开始,她的母亲对她进行的情感虐待。这一慢性创伤,导致她在之后的岁月里慢慢习得一个技能:通过进食来"麻痹自己",以隔绝不愉悦的情绪。截至她来找我时,一个月 30 天中有 20 天她都在暴饮暴食,一天能吃下一整个巨型比萨,有时候一天吃好几个。

让我们暂停一下,看看这里发生了什么。

- ✱ 触发物：不愉悦的情绪
- ✱ 行为：暴饮暴食
- ✱ 结果：通过自我麻痹，短暂地缓解了情绪

但对她和很多人来说，只要坏情绪消退，她的前额叶皮质功能重新上线，就会对刚刚的行为感到内疚和自责。内疚和自责本身又会触发更多的负面情绪，让前额叶皮质功能再次"下线"，穴居人大脑上线，进而重复暴食行为。这可以看作一个"衍生"的习惯回路，也就是说它是由原来的暴食习惯回路触发的。

她会陷入衍生的习惯回路，是因为她的原始脑只有"一招鲜"：它只知道如何生存。尽管她的思考脑（即前额叶皮质）知道她的行为非常不理性，但她的意志力不足以扭转乾坤。单单是与她一起图示出这个习惯回路的过程，就是一个巨大的进步。我没有站在医生的角度对她说教，或者让她因为缺乏意志力而难过（这本身就可能再次触发她的习惯回路）。相反，她洞察到了自己内心最深处的不安全感，并且发现我理解她的处境。这种共情让她开始信任我，并让接下来的治疗顺利进行。

我们的治疗持续了几个月，帮助她图示习惯回路，看清她从中得到了什么，并学习使用正念练习来脱离这些习惯回路。我在这里提及她，是因为她的衍生习惯回路：

- ✱ 触发物：因暴食而感到内疚（不愉悦情绪）
- ✱ 行为：（再次）暴饮暴食
- ✱ 结果：再次麻痹自己，不愉悦情绪短暂缓解

这一习惯回路实际上是有害无益的。随着她看清这一点，她

暴食的强度、频率和持续时间开始下降。更重要的是，在治疗过程中，她发现了自己的另一个习惯回路：自我评判。她发现，几乎每次照镜子时，她都会评判自己太胖或没有吸引力。这影响到了她生活的方方面面，包括外出和约会。随着她变得更加孤立和抑郁，自我评判的习惯回路愈演愈烈。即使她的暴食减少了，她的完整自我却没有修复。

治疗的下一步是向她介绍一种正念练习：慈心练习。

慈心练习

慈心练习（在古巴利文中被称为 metta）能让我们的内心变得柔软，开始接纳他人和自己本来的样子。这有助于我们放下过去，从经验中学习，从而在当下继续前行。

慈心不是积极的自我对话，也不是消沉时的自我激励。相反，慈心是我们每个人都具备的能力，并且可随时取用（这正是成为可持续"上上之选"的条件之一）。它本质上就是我们对自己和他人的真诚祝福。我之前写过相关文章，我的实验室研究显示，慈心甚至可以降低大脑中与自我评判习惯回路相关的区域（如后扣带回皮质）的活跃度。[1]当我们练习培养慈心时，也是在学习更清楚地看到自己失去慈心的时刻，也就是自我评判的时刻。当我们更清楚地看到自我评判是多么无益时，我们通常就会放弃它，因为相比之下，慈爱是一种更舒服的感受。

慈心练习由三部分组成：

（1）使用慈心短语，帮助你保持专注。

（2）想象你想祝福的对象的画面，向对方送出慈心祝福。

（3）在身体上识别练习中升起的慈爱的感觉。

在一个安静的地方舒适地坐下来，把注意力安放在呼吸的身体感觉上。（友情提示，不要在开车时做！）

回想一个最近让你产生与慈心截然相反的感受，即压力或焦虑感的场景。留意此时身体的感觉——是紧缩还是扩展的？花一点儿时间标记身体产生的感觉。

想象一个亲近的朋友打开门走进来，这是一个你很久没见的朋友，这是什么样的感受呢？

留意这种感受与回忆起焦虑情境时的感受有何不同。哪一种更紧抓、紧缩？哪一种更加温暖、开放，乃至辽阔？

再次回想这个亲近的朋友，或某个你在生活中崇敬的人，或某个具备无条件的爱、慷慨、智慧等品质的人，或者甚至是家里的宠物。宠物实际上更容易展现出无条件的爱。

回想他们或它们身上爱的品质，以及对你的友善之举。留意身体上是否有感觉升起，如胸膛或心脏部位是否有温暖、开阔的感觉？

（如果你没有发现身体此时有什么感觉，也没关系——继续在这个练习中留意自己的身体感觉即可。）

给这个对象送上一些祝福的话语。以下是一些示例（确保选择那些让你有感觉的话，或者干脆什么祝福的话都不用，仅仅让注意力锚定在心脏部位的感觉上）：

"愿你快乐"，吸气；"愿你快乐"，让气息将祝福带到全身。

"愿你健康"，吸气；"愿你健康"，让气息将祝福带到全身。

"愿你远离伤害"，吸气；"愿你远离伤害"，让气息将祝福带到全身。

"愿你善待自己"，吸气；"愿你善待自己"，让气息将祝福带到全身。

接下来几分钟，按照自己的节奏默念几遍这些短语。用这些短语和身体感觉到的无条件的爱作为锚点，与当下联结。如果这种感受很微弱，或感觉太刻意，就放松下来，将注意力聚焦在短语上。当你重新唤醒慈心这一天生的能力时，它自会随着时间慢慢增强，不要强求！

此外，如果你走神了，只须标记注意力飘去了哪里，然后把它带回来，继续反复默念祝福短语，将注意力锚定在这无条件的爱伴随的身体感觉上（如果有感觉的话）。

现在，想象你自己的形象，想想你自己的美好品质。留意是否对此有封闭或抗拒的感觉。没错，我们是评判自己、贬低自己价值的高手。只是去留意这种感受，看看是否可以把它暂时放到一边。你完全可以待会儿再回来继续评判自己，只要你愿意！

把你送给他人的祝福也同样送给自己：

"愿我快乐"，吸气；"愿我快乐"，让气息将祝福带到全身。

"愿我健康"，吸气；"愿我健康"，让气息将祝福带到全身。

"愿我远离伤害"，吸气；"愿我远离伤害"，让气息将祝福带到全身。

"愿我善待自己",吸气;"愿我善待自己",让气息将祝福带到全身。

像之前一样,以自己的节奏反复默念这些短语。以这些短语,和无条件的爱在身体上温暖、开阔的感觉为锚点,安住在当下。当你走神时,只须标记注意力去了哪里,然后将它带回到默念祝福短语、胸口温暖开阔的感受上即可。如果留意到抗拒、紧绷或其他身体感觉,带着好奇心观察它们:嗯——,紧绷,有意思。只是标记这些感觉,然后将注意力带回来,继续默念祝福短语。

至此,练习结束。

你可以扩展这个练习,除了对自己和你爱的人,你还可以把祝福送给你在生活中偶遇的人,甚至难以相处的人。最终你会发现,练习放开紧缩,拥抱温暖、开放的品质,将会让你的心打开,让它充满慈爱。

慈心练习并不总是很容易

慈心练习在练习初期是很有挑战性的。

我在一开始学习慈心练习时,也非常抗拒,因为它似乎太煽情了——"鸡汤"指数都要超标了。在练习多年之后,我才发现它是多么有益和宝贵。

在我开始住院医师培训的时候,已有约 10 年的冥想练习经验,但慈心练习只有短短几年。我开始在慈心练习时注意到胸口有温暖的感觉,同时身体中似乎有一些紧缩感得到释放。这样的感觉不是每次都有。那时，我住的地方离医院只有几英里，因此我骑自行车上班。上班途中，每当有人对我鸣笛或大喊大叫时，我会明显感到身体一阵紧缩。我发现自己进入了一个奇怪的习惯回路：

- 触发物：被鸣笛
- 行为：大喊大叫，用明显的方式表达不悦，或故意在汽车前面骑行
- 结果：感觉自己很正确

问题在于，我会把这种紧缩的自以为是感带到医院里。

当留意到我把负能量带给患者之后，我开始做一个实验：如果被鸣笛时，我以此为契机来练习培养慈心，而不是吼回去，我的紧缩感（和态度）会发生什么变化。首先，对自己："愿我快乐"；接着是给司机："愿你快乐"。结果，这一举动帮助我打破了自以为是的习惯回路，释放了伴随的紧缩感。

- 触发物：被鸣笛
- 行为：把慈心作为礼物送给彼此——一句祝福给自己，一句祝福给司机
- 结果：感觉更轻盈、更开放

很快我就留意到，到达医院时，我的状态比过去轻快很多。紧缩感消失了。然后我突然想到：我不必等到别人对我鸣笛时才练习祝福他人，我可以祝福我遇到的任何人。于是我尝试这样做，在接下来的大多数日子里，我都能心情愉悦地抵达医院。这两种习惯回路的结果不同，前者是封闭的紧缩感，后者则是开

放的、开阔的喜悦感。这让我明白,慈心具有更高的奖赏值。从此,我不再抗拒慈心练习。

你可能会像我一样,发现很难开始慈心练习。你可能会评判这个练习、评判自己,或者担心自己做不到、做不对、病入膏肓,等等。如果是这样,我会用歌手莱昂纳德·科恩(Leonard Cohen)《颂歌》(*Anthem*)中的一小节来回应你:不要担心不完美,裂缝每个人都有,你以为它是瑕疵或弱点,其实它正是你的力量。

决心

我向那位暴食障碍患者也介绍了慈心练习。这是一个"上上之选",可能有助于她摆脱孤立和抑郁的向下螺旋。她花了一些时间练习,没过多久,她就开始在生活中应用这个练习。每当自我评判的习惯回路被触发时,她会立即做慈心练习。在大多数情况下,她都能够摆脱抑郁的思维反刍,并且最终几乎完全停止了暴食,达到了结束治疗的标准,不再需要我的帮助了。

大约4个月后,她回来复诊,确保一切仍然正常。她已成功减重18千克,但更重要的是,她这样对我说:"很感谢这个方法,因为我感觉我拿回了自己的人生。现在我能够只吃一小块比萨,并能真正享受它的滋味。"

注意到了吗?她不再只能诉诸回避或者其他策略以打破习惯回路。她所描述的方法也谈不上什么奇迹——只是将一二三挡练习组合到一起,并在现实生活中加以应用而已。她能图示出自己的习惯回路(一挡),看到一直戳自己的眼睛是痛苦的(二挡),

引入慈心练习这个"上上之选"(三挡),从而脱离习惯回路,看见原本就美好的自己。

因此,在生活中试一试慈心练习吧。开始自己的探索之旅,看看好奇心和友善如何帮助你以对自己和他人都有益的方式行事。它能让你臻于佳境,更善巧地解决问题、与世界互动。你可以端坐在椅子或冥想垫上做练习,也可以在睡前躺着做练习。你甚至还能在走路的时候做练习——把祝福的话语送给自己和萍水相逢的路人。用慈心练习替代自我评判或自我鞭策,练得越多,收获越大:你将越来越习惯于开放、联结当下、允许自己简单地重拾人性,你将发现更多蕴藏在自己内在的自然奖赏——温暖、开阔、平静或任何符合你的体验的美好状态。

第 20 章

"为什么"的习惯回路

肩负过重生活负担的艾米

艾米（化名）是我的一位患者。她年近四十，婚姻幸福，有3个十几岁的孩子。她很忙，同时像很多女性一样，要处理各种难以兼顾的局面：一边照顾孩子（和丈夫），一边工作。还有一些女性面临的情况甚至比她更糟，比如我母亲（我心中的英雄！）在独立抚养4个孩子的同时，晚上还要去法学院上课。这种状况让艾米极度焦虑，因而来向我寻求帮助。

我开始了与艾米的工作，在第一次治疗结束时，我教她如何在家里图示习惯回路。在两次治疗之间，让患者做一点儿家庭作业会很有帮助。当他们能够在现实生活中（而非在治疗室里）清晰地图示习惯回路时，他们不仅可以更好地理解当下到底发生了什么，也有助于我们在治疗中取得更有效的进展。在患者下一次就诊时，我们可以直接开始处理这些习惯回路，而不是用宝贵的治疗时间来回顾他们过去一周或一个月的经历，再梳理、研究出习惯回路。

最近一次治疗，艾米进来时看起来心慌意乱。她没有寒暄，一坐下来就直奔主题。她说，每一件小事都让她无比焦虑，进而精疲力竭。她身兼数职——这本身并不是一个大问题，但最近每件事似乎都非常沉重，以至于她开始毫无缘由地吼孩子和丈夫（并不是说有理由就可以吼）。此外，她说虽然她喜欢自己的工作，这份工作压力也不大，但单单是想到开车上班就让她焦虑不已。随着焦虑水平的升高，她的待办清单堆积如山，因为她没有处理事务，而只是看着清单发愁，感到疲惫不堪，白天很多时间都在打瞌睡，醒来后也不过再重复一遍这个过程。她的能量没有用在有价值的地方，反而被焦虑抽干；她变得怒气冲冲，会被一点儿小事情点燃。

那次会谈中，艾米的一句话让我窥见了这里的问题所在。她说："我感觉焦虑笼罩着我，我一直在想我为什么焦虑。"

艾米说，焦虑会随机出现，而不是由特定的事情触发。除此之外，她的丈夫和朋友们会很关切地问她怎么了，还会说："你不是正在看医生吗？"

我问她："他们是在说'为什么你还没有被治好'对吗？"

"对！"

"如果我能搞清楚'为什么'就好了……"艾米继续说道。像很多人一样，艾米陷入了一个心理陷阱。他们以为，要是能搞清楚自己为什么焦虑,就能神奇地解决焦虑。这一招对于修车或修理洗碗机或许奏效,但是我们的心和家电不一样,不能用同样的方法来"修理"。

这就是陷阱之所在。我们陷入了一个思维定式,认为精神科医生就像机械修理工一样:我们找到他们,他们负责"修理"我们的焦虑。大多数情况下,所谓"修理"就是试图搞清楚问题的原因。好像一旦知道原因,我们就会得到疗愈。

触发物是一个结果。当我们习得了一个行为,并且把它和某个刺激关联起来时,这个刺激就成了触发物。触发物可以是任何东西——我们看到的、感受到的,甚至是一个简单的想法,都能触发惯性反应,从而启动某个习惯回路。我们会想当然地认为,如果能够识别出触发物,就能在未来避免它们出现,或更好——纠正它们。因此我们会执着地试图改变过去,然而我们无法改变过去——我们只能从中学习,在当下改变习惯行为,并启动新的习惯回路。

艾米掉进了"为什么"的无底洞。她拼命想弄清楚自己为什么焦虑,以为只要找到答案,她就可以纠正它,焦虑也会消失。讽刺的是,这恰恰让她更深地陷入"为什么"的习惯回路:

- 触发物:焦虑
- 行为:试图搞清楚她焦虑(和受挫)的原因
- 结果:变得更焦虑

"为什么"的习惯回路使焦虑加剧

这次诊疗的前 10 分钟,她陷入"为什么"的习惯回路达 3

次，具体行为是她试图向我描述让她痛苦的东西是什么。（对于医生来说，要清楚地了解患者的体验，没有什么比患者当面展现出问题更生动了！）

在第 3 次之后，我问艾米："当你想不清楚为什么的时候，感觉怎么样？"

"感觉更糟糕了。"艾米说。

即使她能够清晰地识别出触发物，但触发物本身并不是问题所在。她的问题实际上正是这种追问为什么的行为。我先提醒她深呼吸，平静下来，然后和她一起图示"为什么"的习惯回路。仅仅是这样做，她的焦虑就明显缓解了，因为她明白了自己在那一刻是如何给焦虑火上浇油的。之后我更进一步，挑战她的现有观念。

"如果'为什么'并不重要呢？"我问道。

"什么？"她看起来有些困惑。

是什么触发了担心或焦虑，并不重要，重要的是你如何回应它们。如果艾米困在"为什么"的习惯回路中，就等于火上浇油，让情况更糟糕。如果她能学会脱离这个回路，不仅能扑灭焦虑的火焰，同时还能够学会防患于未然。对于正念训练来说，"为什么"和"是什么"有着至关重要的区别。焦虑的人要学习把注意力聚焦在当时正在发生的体验上，而非执着于追问"为什么"。他们在当下的想法是什么？情绪是什么？有什么身体感觉出现？

我给艾米布置了一项家庭作业。

"每当你留意到'为什么'的习惯回路开始出现时，做 3 个深呼吸。深深地吸气，在呼气时对自己说，'为什么'并不重要。"

这个练习的目的是帮助她留心焦虑的来袭，并且聚焦地关注正在发生的体验，而非陷入"为什么"的习惯回路。我们一起做了这个呼吸练习，确保艾米掌握了它。艾米带着这个简单实用的小工具回家练习，用它来帮助自己脱离"为什么"的习惯回路。

我们所有人都会时不时陷入机械修理工模式，认为我们的大脑跟汽车一样。当然，如果大脑确实存在生理问题（如脑瘤），西医还是很擅长纠正这个问题的。但是，你没办法纠正发生在过去、触发了习惯回路的事情，因为过去的已经过去了。我在第14章提到过一句关于原谅的箴言："原谅意味着放弃对更美好过去的希望。"这句话放在这里再恰当不过。如果我们试图回避触发物，这不仅几乎不可能实现（虽然我的患者还在孜孜不倦地努力），而且也没有触及问题的根源。我们必须学会放下过去、聚焦于当下，因为我们能够干预的唯有发生在此时此地的事情——在当下付诸行动的习惯回路。我们每一次陷入"为什么"的习惯回路，都是在损耗自己，同时给问题火上浇油。

看看你身上是否存在一两个"为什么"的习惯回路，留意一下被"为什么"啃噬的感受是怎样的。然后，把注意力聚焦在这种感受的具体内容上（而非为什么会有这种感受），当图示出这个习惯回路，然后用我教艾米的呼吸练习（提醒自己："为什么"并不重要）等简单工具，帮助自己从中脱离出来时，会发生什么？接下来又会发生什么？

眼睛是心灵之窗（至少是情绪之窗）

你是否好奇过，为什么专业扑克玩家在比赛中要戴深色墨镜呢？因为这样，就不会让眼睛泄露自己的图谋。一个扑克玩家最忌讳的事情，就是露出破绽——一个行为或举止的变化，就能泄露你手中握着的底牌。

事实上，人们很难停止或掩盖自己不自主的眼球运动和表情，因此专业扑克玩家需要遮挡住自己的眼睛。

眼睛是一个窗口，可以透露出你当前的情绪状态。眼睛和情绪之间是有关联的，有一个练习正是以此为基础设计，你可以用它来帮助自己应对焦虑、恐惧、沮丧等情绪状态。同时，这个练习也有助于建立好奇的习惯。准备好探索了吗？让我们立刻开始吧。

首先介绍一点儿科学原理。当我们恐惧的时候，眼睛会本能地睁得很大。早在19世纪，查尔斯·达尔文就提出这样的理论：在面对不确定性的时候，我们会睁大眼睛搜集更多视觉信息，看看是否有危险存在。[1]眼睛睁大和恐惧的其他面部表情一起出现时，会向他人传递一个社交信号，让人知道我们害怕了。巩膜（眼球外面的白色表层）和眼睛其他部分之间的鲜明反差，让眼睛睁大这一现象在人类身上更加明显。别人看看我们的脸，无须我们多言，就能快速知道：注意，可能有危险。

事实上，这种眼睛的不自主睁大能够提升人们对环境事件的认知处理进程，对眼睛睁大的人和看见他人眼睛睁大的人都是如此。2013年，心理学家丹尼尔·李（Daniel Lee）、约书亚·苏斯金（Joshua Susskind）和亚当·安德森（Adam Anderson）开展的一项简单精巧的实验证实了这一点。[2]他们请被试先做出恐惧的样子，再做一个中性的表情，然后再做出厌恶的表情。研究人员发现，假装恐惧会提高被试准确执行感知认知任务的能力，而假装厌恶（会眯起眼睛）会阻碍他们完成任务的能力。

在第二个实验中，研究人员重点关注眼睛的恐惧反应带来的认知益处是否也能被传递给看到表情的人。果不其然，只是看到眼睛睁得大大的图片（即眼睛露出更多巩膜），就能提高一个人在认知任务中的表现。

睁大眼睛并不仅仅由于恐惧，也会出现在其他有关信息搜集的情境中。当我们真的很有兴趣了解某个事物时，我们的眼睛也会睁大睁圆。在上述研究中，研究人员设计了一个有趣的反转，他们将睁大眼睛的图片颠倒过来，这样被试无法从这个表情中解读出恐惧，而只能看到眼睛睁得很大。他们发现，恐惧并没有提升被试的感知处理表现；与改善任务表现有关的是虹膜与巩膜的比率（即，睁大眼睛相当于露出更多的眼白），而不是被试从眼部表情中感知到的情绪（即恐惧）。

达尔文的灵感经过研究证实，对普遍意义上的学习有着重要的启示，并且可以提供一些具体的小窍门和益脑的小游戏，来帮助你改变习惯。

让我们从联想学习开始。我们通过联想学习把身体感觉和姿势与情绪关联起来。从生存的角度来看，如果你处于危险之中，你会本能地缩进你的躯壳，让自己尽可能缩小，并用手臂和腿来保护头和重要器官。

当我们把某个身体姿势或面部表情与某个情绪反复配对之后，最终这二者会变得不可分离。换句话说，它们不太可能单独出现了。例如，如果你耸起肩膀，并让它靠近耳朵，你可能会留意到这个姿势让你有一点儿紧张。这是因为在生活中，当我们感到紧张的时候，几乎都会耸起肩膀。（当我们开心的时候，身体姿势通常会比较放松。）这个过程，被称为躯体记忆形成（somatic memory formation），因为我们正在构建将身体感觉与想法、情绪关联起来的记忆。

你可以自己摸索一下。看看你的肩膀是否积攒了今天或过去一周（或过去一年！）的压力。现在，深深地吸气，保持3秒，在呼气时放松肩膀。现在感觉更紧张还是更放松呢？

眼睛也是一样。我们已经形成了睁大的眼睛和吸收新信息之间的关联。当你恐惧或惊奇地睁大双眼时，你的大脑接收到信号：现在很适合吸收新信息。如果你厌恶或愤怒地眯起眼睛，这也许会给你的大脑发出信号：你现在不愿意学习——相反，你蓄势待发，随时准备行动。

让我们试一下这个实验：

睁大你的眼睛，同时回想一些让你感到厌恶、沮丧或愤怒的事情。尽力保持眼睛大睁，看看你能让自己有多厌恶、沮丧或愤怒。"噢，我觉得好恶心！"或者："噢，我真的很生气！"这样做有效吗？我打赌不太好。就像厌恶一样，当我们愤怒的时候，我们不会思考："嗯……发生了什么？我现在应该愤怒吗？让我搜集更多的信息……"我们的大脑并不处于信息搜集模式，相反，它一门心思对引发了愤怒的事物采取行动，同时，我们的眼睛眯起，像激光一样聚焦。眯眼和愤怒这两者被牢牢锁定在一起，以至于当你试图在睁大眼睛的状态下生气时，由于面部表情和情绪不匹配，你的大脑会说：无法处理！睁大眼睛时，你真的很难感到愤怒。

现在我们来做另外一个练习。用力地眯起眼睛，然后尝试感到好奇。同样，没戏！你的大脑已经习惯将眼睛睁大和好奇、惊奇的情绪匹配起来。请记住，只要带着好奇心，你就处于信息搜集模式。还是不匹配，这时你的大脑会说："嘿，等等，如果你真的感到好奇，你的眼睛应该是睁大的。你确定你真的感到好奇吗？"

总的来说，眼睛是表达情绪的好载体。我们已经把眼部表情和情绪关联在一起太长时间了，以至于这二者已经密不可分。了解这一点后，我们就可以破解这个简单的系统，让我们的情绪从沮丧和焦虑转变为好奇。以下是方法：

下一次你感到沮丧或焦虑时，试试这个练习。

（1）暂停，简单给情绪命名（如："噢，这是 X 情绪"）。

（2）留意你的眼睛此刻睁得多大（或多小）。

（3）睁大眼睛（或许可以同时"嗯——"一声），用这个方式启动你的好奇心。继续睁大眼睛，保持 10 秒钟，留意此刻焦虑（或你识别出来的任何其他困难情绪）发生了什么变化。它变强还是变弱了？它是否改变了特性，或在其他方面发生了变化？

一旦你掌握了练习要领，看看每天你可以重复练习多少次。每当出现困难情绪时，看看这个练习能否让你愿意靠近这个情绪，从中学习（以及了解自己）。同时，努力巩固这个习惯——保持好奇。

第 21 章

医生也会惊恐发作

到目前为止,我们的正念工具箱里已经攒了很多工具,你可以用它们来破解自己的大脑,实现从一挡、二挡到三挡的转换。好奇心练习是基础,慈心练习帮助你脱离自我评判的习惯回路,而 RAIN 练习则帮你驾驭半夜想吃零食的冲动。

再来一个可以在一天中随时短时练习的小工具,怎么样?

我们常常说,正念练习可以让我们学习在生活中如何去回应,而不是反应。赶紧做点儿什么的冲动常常是对不愉悦体验的反应。如果你没有觉察,就会习惯性地做出反应,以让这种不愉悦的感受消失。这就像以自动导航模式驾驶,或者我们的一位课程学员所说的"闭着眼睛驾驶"。你不知道自己要去哪里,但可以肯定,绝不是在正确的方向上。

如果你带着接纳、好奇的态度去觉察自己不愉悦的感受，你的眼睛就会睁开，找到空间去回应而非反应。RAIN 练习有助于打开这个空间，因为练习时你不会困在习惯性反应中。

我们的一个社群成员曾说，她感到自己更像是一个"行动（doing）的人，而不是存在（being）的人"○。她解释道，她一直在行动、行动、再行动，以让自己感觉更好，但她已经在"行动"的过程中迷失，感受不到自己"存在"。

只要创造一点点空间，你，也可以存在，而不只是行动。如果你把自己对恐惧、焦虑等不愉悦情绪的积习难改的习惯反应图示出来（一挡），然后探索习惯性反应的结果（如担忧、回避、拖延等，二挡），接下来就具备了换到三挡的"速度"，开始为新的行为创造空间，如唤起好奇心或练习 RAIN。事实上，好奇心可能就是你踏浪而行所需要的一切。

保持好奇，能帮助你破解大脑基于奖赏的学习系统，用觉察来替代习惯性反应，使奖赏从"紧缩感，感觉好一点儿"升级到"开阔的好奇心，感觉好极了"。因为好奇的感觉比焦虑的感觉更好（毕竟，好奇心才是"上上之选"），回头品味好奇（相对焦虑而言）是一种怎样的感受，会很自然地强化好奇心（即这里的新行为）。最棒的是，有好奇心，就绝不会感到无聊。就像美国作家埃伦·帕尔（Ellen Parr）说的："好奇心可解无聊，然而什么也解不了好奇心。"

我们再花一点儿时间，像游戏一样探索 RAIN 练习。请将

○ 英文中"人"一词（human being）本身包含"存在"的意思。——译者注

注意力集中在你此刻的心态上。你是否发现自己在努力（这里的努力就是强迫自己的意思）克服冲动？好像在说，我已经在做RAIN练习了，为什么这个冲动还不乖乖离去呢？

这是一个强迫自己快速实现一挡转三挡的例子。请记住，习惯是不会通过"想明白"而改变的，否则你早就做到了。就像你无法强迫自己放松一样，想要用RAIN练习来迫使某个冲动或负面感受消失，结果只会火上浇油。你还有可能因此陷入另外一个习惯回路：如果我练习RAIN，就会感觉好一些！压力会触发你"使劲儿"练习RAIN：

- 触发物：不愉悦的感受或冲动
- 行为：做RAIN练习
- 结果：感到挫败，因为RAIN练习并没有让这些感受消失

你无法强迫自己接纳，就像无法强迫自己好奇一样。为什么我们要在前面花大量时间培养好奇心，之后才转换到三挡，原因就在这里。无论何时，当你感到勉强，或觉得练习RAIN更像是多了一件应该做的事情时，就在那个当下，唤起好奇心，标记紧缩或勉强的感受。如果你陷入了某种反应模式或想法开始失控，可以切换回二挡，问问自己："我从中得到了什么？"

三挡不等于更好

请牢记：三挡并不比二挡或一挡更好。你在驾驶的时候需要所有挡位。有时候你爬坡上山，挂一挡就够用，这没问题。有时候路途平坦或坡度较缓，那么可以挂到二或三挡。三个挡位全

都可以让你前行。这一点真的很重要,不管在哪一挡,你都在前行。

时不时觉察一下,看看你是否因为并不总是在二挡或三挡驾驶而苛责自己。也许你对自己说,"我现在应该挂三挡了",或者"我现在应该已经戒掉那个坏习惯了",但也许这本身就是一个习惯回路呢?也许你可以停止用"应该"来困住自己,并把这个习惯回路图示出来?

标记练习

让我们来做一个新练习。

让我们聚焦于 RAIN 练习中的标记部分。正如你从 RAIN 练习所了解的,标记练习可以帮助你脱离自动导航模式,它非常重要。但是你知道吗?即使在你并没有被习惯回路的巨鲸吞噬的时候,你依然练习标记。这有助于强化你的技能,让你全然联结每一刻的生活体验。

首先是五感的标记——视觉、听觉、触觉、嗅觉、味觉。然后再增加两种标记:身体的生理感觉(也称内感觉)和头脑中的思考。在任意一刻,留意哪种体验最明显。

如果你走在街上,什么移动的东西吸引了你的目光,那么可以在心里标记"看"。过了一会儿,你可能会听见鸟叫,就标记"听见"。如果有想法浮现——噢,那是鸟叫声——那么可以标记"思考",因为这是在那一刻最明显的体验。就是这么简单。

也许鸟叫声让你感到快乐,那么你现在可以标记"感受",

因为此时快乐的感受是最明显的。每一次你标记自己的体验时，就是与当下联结的时刻，而不是在想法中迷失或处于自动导航状态。

在自动导航状态下，人很容易随波逐流。例如，鸟的啁啾声可能会让你开始思考，"噢，那只鸟在唱歌……太美妙了……这只鸟是什么种类来着——或许是莺？我是不是在探索频道上看过一个关于莺的节目来着？它们的自然栖息地被破坏了……真不敢相信人们对环境漠不关心……我的邻居甚至不做垃圾回收……那个浑蛋真让人不敢相信"。就这样一发不可收拾。

上一刻你还在开心地听鸟儿歌唱，下一刻你就开始生邻居的气了。这是怎么发生的呢？答案是自动导航。未经训练的头脑会肆意驶向任何方向，而且多半一路会麻烦不断。

标记练习有助于锻炼你的正念肌肉。在愤怒、恐惧或其他破坏性情绪熊熊燃烧的时候，它能阻止你"火上浇油"。当你的心开始东想西想时，你只需要标记"思考、感受、害怕"。成功运用标记练习（和其他三挡练习），会帮助你重塑大脑神经网络，改变旧习惯，建立新习惯。

现在，花 30 秒的时间来试一下这个练习吧。落入觉察，标记你此刻最明显的体验：看、听、思考、感受、闻，或者品尝。

然后，留意一下标记与迷失在想法中，或被情绪卷走，有何不同。这正是看着火燃烧殆尽，与放任火越烧越旺、四处蔓延之间的区别。

在我们的课程中，有一个学员这样描述她的压力进食习惯回路：

过去，我一直极度焦虑，以至于必须想方设法吃到东西，只为平息胸口和喉咙排山倒海般的紧张感，即使这意味着会耽误事儿。以前我就是如此痛苦……而留意这些痛苦感受让我感到有力量。我可以看到它们，然后想："嘿，你们不是饥饿，你们是压力！"然后从这个觉察出发，决定下一步的行动。

看到了吗？仅仅是留意到，就创造了小小的暂停时刻，这个空间让你能够看见当下真正在发生什么，避免你卷入某个情绪旋涡，或想做点儿什么来赶走情绪的冲动之中。

标记练习相对简单。它就像一块可以让你在海洋中漂浮的冲浪板，帮助你停留在当下，不被强烈的情绪波浪卷走和湮没。如果你已经全然身处当下，那么就不需要再刻意标记，因为标记的意图已经实现了。

在刚开始练习标记时，感觉可能像是做任务。不要担心，熟能生巧。坚持在一天中短时、多次地练习。这里使用楷体字是为了让你牢记，短时多次非常重要，它能帮你开凿出一条新的大脑通路，让标记成为一个新的习惯。注意这样的习惯回路："我必须完美""这太难了，我一定是做错了什么。我是个失败者。我不如放弃，去刷社交媒体或吃冰淇淋"，将它们简单地标记为"思考"。

当通过 RAIN、标记和其他练习来锻炼正念肌肉时，你会把自己的习惯回路看得更清楚。慢慢地，这些习惯回路终将自行销声匿迹，无须你用力驱赶。

今天就试一下标记练习吧。不仅是用 RAIN 的时候，还有走在路上的时候，坐在沙发上的时候，乘车的时候。请记住，在一天中短时、多次地做这个练习，有助于建立一个扎实的新习惯。

即使是医生也会患上惊恐发作

我上医学院的时候，那里有一个不成文的规则：医学生必须强悍似超人。这意味着我们必须永不疲倦或饥饿；我们甚至不能承认自己需要去上洗手间。这种培养方式被称为"全副武装"（armoring up），其结果是医学生从未被教导过如何正确管理压力或焦虑。

我那时候特别擅长压抑压力。果不其然，在住院医师实习后期，我开始在半夜被惊恐发作惊醒。我心跳加速，视野收缩，喘不上气，并且有强烈的濒死感。

早在上医学院之前我就开始练习冥想了。惊恐发作来袭前，我差不多有十年的冥想经验。那时我做了大量的标记练习。很幸运，我第一次被惊恐发作惊醒时，标记练习——当时已经成为习惯——自动上场了，于是我简单标记"紧张""视野收缩""呼吸困难""心跳加快"，等等。当惊恐发作结束时，我梳理了自己的精神症状清单，意识到自己刚刚经历了一次全面的惊恐发作。

下面划重点。我的反应不是"噢，不！我惊恐发作了！"相反，我只是简单在心里标记了刚刚发生的一切，没有对它们"添油加醋"。后者正是让惊恐发作或惊恐症状发展成惊恐障碍的原因：我们开始担心自己下次会担心，开始焦虑自己可能会焦虑。

惊恐发作时可以出现惊恐的全部主要症状，包括心跳加速加重、出汗、颤抖、憋气或头晕、强烈的死亡恐惧。但如果要诊断为惊恐障碍，惊恐发作"必须伴随一个月以上持续地担忧：①再次的惊恐发作或其结果，或②在与惊恐发作相关的行为方面出现显著的不良变化"[1]。当我还是住院医生以及自己惊恐发作时，并没有意识到这个关键区别。惊恐发作就只是惊恐发作而已（当然这并不能减轻惊恐发作时的恐惧感），只有当我们开始担心它再次发作时，它才成为一个问题，并影响我们的生活方式。戴夫第一次来找我，正是因为他如此担心在开车时惊恐发作，以至于明显减少了开车，他不在高速公路上开车，也很少离家开车去杂货店。为了回避惊恐触发物，戴夫已经形成了适应不良的习惯回路。

- 触发物：开车（尤其是上高速公路）
- 行为：回避开车
- 结果：没有惊恐发作

别忘了，我们的大脑的法则是生存第一。它们竭尽所能帮我们回避危险，而惊恐发作确实让人感觉像是危险。在我的惊恐发作经历中，印象最深刻的症状是呼吸困难和濒死感。戴夫的大脑只会"一招鲜"：如果X引起了惊恐发作，那么避开X。

幸运的是，戴夫了解到自己的大脑其实有更强的适应力。通过了解大脑的学习机制，他可以教给自己的大脑一些新招数。戴夫有一个重要的领悟：担心未来还会惊恐发作，只是他告诉自己的一个故事而已。它不是现实，只是一个故事。

我们对自己讲述的那些恐惧或担忧的故事，本身有着自己的生命。我们每一次对自己重复这个故事——噢，不！如果我开车的话就可能会惊恐发作——它就在我们的大脑中变得更加具体而牢固，以至于我们开始相信它是真的。我们不仅会相信这些想法，而且会把它们和特定的情绪关联起来，以致出现某个想法（我会惊恐发作吗？）就能触发特定的情绪（恐惧、担忧等）。还记得我前面提到的躯体记忆形成吗？它在这里也适用。

在本书前面的部分，我提到人们可以把自己的焦虑习惯回路"刻进骨子里"，成为自我认同的一部分。我们不仅会认同习惯回路，我们还会沉浸在自己的想法、情绪和故事里，以致再也无法看清真实。我们可能像发条一样紧绷，即使同事或家人轻拍我们的肩膀，或做了一些完全无害的事，都会让我们勃然大怒，或潸然泪下。

在我上医学院和住院医师培训期间，正念教会我：我不是我的想法，我不是我的情绪，我不是我的身体感觉。所有这些都无法定义我。我们的习惯性倾向是推开令人不悦的事物。当惊恐发作袭来时，我通过标记身体感觉、情绪和想法，可以只是观察并留意它们的来来去去，而不是推开它们。这个练习让我避免编造担忧和悲伤的故事，让惊恐发作的过程自然终结，无须加以修饰或扭曲，也就不会人为拉长这个过程，或把它变成一个比原本更大的问题。此外，这也帮助我避免在生理体验之间形成联想性的躯体记忆，比如感觉心跳加速就认为自己马上会惊恐发作。快速上楼之后心跳加速的体验并不一定会触发惊恐发作，它可能只是一个信号，意味着我的心脏正在履行自己的职责：向肌肉输送更多血液。

正是由于我的正念练习，我才能避免将事态扩大化，陷入惊恐障碍的黑洞。了解自己的头脑运作机制，帮我渡过了这一难关。我没有与恐慌认同，也没有发展出"担忧再次惊恐发作"的习惯回路。那一年，我经历了数次惊恐发作，每一次都以同样的方式结束。每当下一次来临，我的好奇心和信心都在增长。我知道我可以与我的头脑合作。

现在你可能会想，唉，他已经苦练正念十年了，非常厉害，我做不到！而我在这里要见证的事实是，无论这个习惯是什么，不论它有多古老、多么顽固、多么根深蒂固，事实上你都可以做到。通过一天中短时多次的练习，就可以养成良好的正念习惯。正如戴夫在几个月内所做的那样，我们都可以学会如何与自己的头脑合作。关键是要养成好习惯，比如让好奇心也成为我们的自动反应。

养成好习惯

如果你一直在跟随本书练习探索，那应该已经从切身体验中找到了自己的"上上之选"，比如好奇心和友善。你还可以把RAIN和标记练习增加到三挡练习清单中，因为，正如你从我的经历中看到的，与一次惊恐发作之后不断担心，以至于发展为惊恐障碍相比，养成标记的习惯，其奖赏值显然更高。

对于以上所有练习，或任何一个三挡练习，你必须清楚地看到、感受到它们的奖赏值。为了强化这一点，你可以在做三挡练习（或只是一个三挡时刻）之后，切回二挡练习。只须问自己，我从这个三挡练习中得到了什么？细细体会其中的美好感受。我把这个练习称为增强二挡，因为它确实能激励你以后做更多的三挡练习。重要的是，它能在你的大脑中巩固三挡练习的高奖赏值。这一点对于那些习惯自我怀疑的人尤为重要，因为他们总是飞快地从奖赏时刻溜走（我们其他人也有这个倾向）。我们的生活总是安排得满满当当，只要不是火烧眉毛，我们的注意力常常会急不可待地离开好的体验，因此这些体验没有在我们的大脑中"登记"。心理学上，我们把这种更容易注意到并反复咀嚼负面刺激和事件的倾向，称为"负面偏好"（negativity bias）（也称"正负不对称"）（positive-negative asymmetry）。这就是为什么责备的刺痛比赞美的喜悦感觉更强烈。你能看见增强二挡是如何平衡这种不公平竞争的。正念帮助我们充分地感受正面和负面体验，而不是与其中一方纠缠。

你可能已经发现，友善、好奇之类的习惯本身就是好习惯。要澄清的是，好奇心和友善不会像军训教官一样在你耳边咆哮，突然或神奇地把你拽入心灵的健身房，强迫你锻炼。它们会以另一种方式施展魔力，你自然而然地被吸引，因为它们本身就是愉悦的感受。如果你一直以来只会用教官训话的方式来自我激励，希望你已经切身体会到这种内心咆哮的实际效果（也就是没效果），现在你可以放开它们了。

从更大的视角来看，你知道健身房对训练很有用，但是你不能在里面耗费一生。每天花时间坐下来做"正式"正念练习，即安排出专门的、不受打扰的时间和空间进行冥想（如呼吸觉察、标记练习）是非常有帮助的——就像去健身房做举重训练一样。更重要的是，随着心理"肌肉"的增强，你可以把RAIN和标记练习等工具应用到日常生活中。最终，你的正式练习和非正式练习会融合在一起，你将意识到整个世界都是你的心灵"健身房"。就像你可以用爬楼梯取代乘电梯来增加活动一样，你也可以把觉察和好奇心带入到每时每刻来进行心理"锻炼"。随着你持续用一二三挡练习来不断改进你大脑的奖赏价值体系，低奖赏值的习惯回路排位不断下降（如久坐不动、吃垃圾食品、担忧），高奖赏值的习惯回路排位不断上升（如保持活动、健康饮食、好奇）。请记住，为了养成保持觉察的好习惯，要在一天中进行短时、多次的练习。

因此，如果你想在下定新年决心后激励自己去健身房锻炼一周以上，与其强迫自己，不如尝试使用本书中的工具。你能否找到自己真正喜欢做的心理和身体的练习，关注它们的奖赏值，使它们成为你的"上上之选"，牢牢刻印在大脑中？举个例子，我的妻子在没有动力去跑步时，会提醒自己上次跑步后的感受有多棒。这个记忆往往会让她咧嘴一笑，然后立刻跑步出门。再说心理锻炼，如果你想要激励自己练习培养慈爱之心，一个有效的办法就是回想一个慈爱的行为，并重温它带来的好的感受（这个办法对我真的有效）。

在你希望培养的习惯中——包括健康饮食、做运动、做志愿者或其他习惯——你能发现其中的甜蜜美好吗？

第 22 章

循证信念

　　这本书已经接近尾声。你的进展怎么样？你有没有像那个吭哧吭哧给自己加油的小火车头一样，找到适合的"魔咒"或提示语，让自己落入觉察，进入一二三挡？那些平时会触发你的旧习惯回路的触发物，你能否把它们变成你的正念提示铃声（叮——），使之提醒你切换到三挡，采取一个奖赏值比旧习惯更大、更好的新行为？

　　如果你和我的许多患者、学生一样，你可能会想："我能够让改变持续吗？"坦率来说，答案在于踏踏实实去做，仅此而已。就像参加一个考试，如果你之前没有达到你可以或应该有的努力程度，不要担心，只要继续学习，你终究会通过考试的。

　　这些心理技能并不难学，它们只是需要大量练习，才会成为你的新习惯。训练你的头脑需要练习：练习图示你的习惯回路;练习切身体会你的行为带来的结果;练习在想做点儿什么的冲动中踏浪而行,学习与当下出现的想法、情绪共处。通过所有这些练习,你的感知系统越来越准确,能够清楚地识别出伴随着心痒、冲动和担忧出现的紧缩感,或者是识别出相反的感受——伴随友善与好奇的开阔感。你将了解外在奖赏(需要抓住些什么来让自己感觉好)和内在奖赏(感受伴随好奇和友善而来的放松)之间的区别。

信念

学习一项新技能,最重要的事情之一是信任你自己,坚信你能够学会。

信念有两种基本类型。第一种是在没做过某件事之前就纵身一跃,相信它肯定会成功,因为你看到其他人做过,或者你的直觉告诉你这条路行得通。这种"信仰之跃"(leap of faith)一般来说是最吓人的,因为你要跃入的是一个未知领域。当你第一次用RAIN练习来驾驭某个冲动或渴求时,你可能已经跃出了这一步。

第二种信念建立在前一种的基础上,我称之为"循证信念"。

在医疗领域中,我们在宣称一个疗法确实有效前,要先看证据。如果你想要服用某种药物来降低血压,你想要先看到能证明它名副其实的证据。医学研究者(比如我)进行的研究正是能够提供这样的证据,这也是术语"循证医学"的来源。

比方说,我的实验室开展临床研究,来验证正念训练对想要戒烟、停止暴食、摆脱焦虑的人群是否有效。一开始这些临床试验在线下开展，后来转移到线上，通过手机应用开展网络干预，不过干预方法都是一样的，就是你在本书里学到的这些。研究显示，这些方法确实有效。

请记住，我们的一个研究发现，正念训练在戒烟方面的效果是目前主流疗法的 5 倍。而烟瘾是最难戒的化学成瘾——毫不夸张，比可卡因、酒精、海洛因都难戒除。○

我之前也提到了我们对暴食（如：与渴求相关的进食减少了 40%，相关奖赏值也有所降低）和焦虑（如：医生的焦虑降低了 57%，广泛性焦虑障碍患者的焦虑降低了 63%）所做的研究。除了我的实验室，还有其他机构也发现了正念训练效果方面的证据。目前，围绕正念的临床效果乃至背后的神经科学，业内已经发表了成百上千篇学术论文。

正如我前面提到的，我的实验室扫描了人们冥想时的大脑，并且发现，通过练习，冥想改变了大脑的默认活动模式。还有一些研究者发现，它甚至能够改变大脑的大小。正念训练的实证数据库每天都在扩大。

然而，我并不是在要求你信任我，或者仅仅因为正念训练据称对别人有效，就盲目相信它。我想请你从自己的切身体验中收集证据。至今为止，你曾多少次感受焦虑的感受，真正好奇焦虑在身体上的体验是怎样的？你曾多少次图示自己的触发物和习惯

○ 这是由许多因素造成的，其中一个因素是，当你抽烟时，尼古丁被吸收到血液中的速度极快，这会造成大脑中的多巴胺激增，加深你成瘾的程度。

行为？你体验一二三挡练习的经验有多少？

每一次你把呼吸带入那个冲动，使用RAIN驾驭渴求，感受友善的温暖，或使用标记练习来放开破坏性的想法模式，你就是在收集数据，建立你自己的实证数据库。每一次你升起觉察（而不是迷失），你都能实时地看到结果。你一直在收集正念训练对自己切实有效的证据。

花点儿时间反思一下你在阅读本书过程中收集的证据。好好想一想。如果你一直在练习，此时应该已经收集了相当多的数据。现在，把所有数据汇总一下，以建立你对这一套方法的"循证信念"。当你对这些方法产生不确定感或怀疑时，先把它们标记为"不确定"或"怀疑"，然后提醒自己，你的信念有你自己收集的海量证据做支撑，它是循证而非盲目的。你可以做到。放松，坚持练习。

我们"食在当下"手机应用的一个用户曾经写道：

> 我们需要坚信自己能够持续练习，这种信念可以通过我们收集的个人证据得以加强……我发现，当好好练习时，我能看到课程的效果和练习带来的益处。我还发现，当疏于练习时，我是多么容易重新陷入旧习惯。要让新习惯真正得到巩固，必须勤加练习。而勤于练习需要有一定的信念——相信自己可以把这些练习变成新习惯，这样就不会轻易放弃然后重蹈覆辙。

真是至理名言啊。正如学习演奏乐器一样，只有持续练习才能不断精进。

因此，请持续练习，逐步建立对正念训练的循证信念。当心中出现怀疑时，就标记"怀疑"，并留意当你放下怀疑、不被卷入其中时，当下升起的喜悦。

干脆试试一整天随时保持正念觉察和好奇，怎么样？看看在你等待咖啡冲泡时，从家里步行去取车或乘车时，甚至是上厕所时，能不能保持正念觉察。看看这些短时、多次的练习，能在多大程度上帮助你进入一挡、二挡甚至三挡，从而建立你的信心和动力呢？

我的拖延习惯回路

小时候，我做事情非常专注。如果我想做什么事，会不顾一切完成它。不过这种专注也有代价。正如小刀割手事件⊖所示，我如此沉迷于手头的事情，根本不会停下来看看自己那时到底在做什么（或要做什么）。这种专注是由兴趣驱动的。当我对某件事感兴趣时，我可以毫不费力去做。当我对某件事不感兴趣时，得被拽着、又踢又叫地去做，即便做了，也只是付出最小的力气，应付了事而已。

我妈妈很快就发现，要让我做必须做的事，让我感兴趣比拽着我去做更容易。当我感兴趣时，我不仅会做这件事，而且会把它完成得很好。到我二十多岁时，没有妈妈时刻关切，当有不得不做但不感兴趣的任务时，我会想方设法分散自己的注意力。

* 触发物：论文截止日期

⊖ 见第18章。——译者注

- ✱ 行为：（再次）浏览《纽约时报》网站
- ✱ 结果：沉迷于新闻，工作进度落后

多年来，随着我练习冥想、研究神经科学、开始和患者工作，我深刻地理解了自己的头脑的运作方式。我开始明白拖延是多么缺乏奖赏值。我也逐步明白，自己为什么会拖延。例如，当我因为"有利于事业"不得不写一篇研究综述时，一坐下来，就会注意到胃部的不适，好似有一个白色的、炽热的、扭曲的、充满恐惧的大球在收缩。然后我很快发现，合适的止痛药就是浏览《纽约时报》网站，确认上次浏览后（5分钟前）世界还没有分崩离析。这一过程，遵循着一个医生、家长乃至营销公司都知道的规律：

- ✱ 触发物：疼痛
- ✱ 行为：吃止痛药
- ✱ 结果：痛苦缓解

虽然走了一点儿弯路，但我最终明白，我的胃疼很大程度上来源于对写作主题了解不足，不知道要写什么。对写作主题了解不够，让我只剩下两种不快乐的选择：①呆坐在那儿，胃里灼痛，盯着电脑屏幕上没有写完的论文；或者②（再次）浏览《纽约时报》网站。在明白这个习惯回路无济于事之后，我逐渐发现：如果我在坐下来写论文之前认真做研究，那么浏览网站的行为会减少，写作行为会增加。

后来我发现，真正推动了整个进程的，正是实际体验。

以下是我的拖延止痛公式：兴趣 + 知识 + 经验 = 享受写作 +

优质产出 = 心流[一]。

换句话说,如果我能找到一个感兴趣的主题,且相关知识储备充足,我的胃就不会紧缩,我就可以好好写作并从中获得快乐。举个例子,我对正念和帮助人们改变习惯很感兴趣。过去这些年,我学习和积累了越来越多基于奖赏的学习和神经科学方面的知识,并从自己的冥想练习、临床工作和治疗手段研发的过程中获得了大量经验。当我把它们结合在一起时,我不仅能坐下来写作,而且能享受这个过程。

这个公式,来自 2013 年一个星期六早上我的灵光一闪。那是一个晴朗又寒冷的冬日清晨,我鬼使神差一般觉得需要写点儿什么,于是很早就下楼了。我抓上需要的东西,坐在餐桌前,打开笔记本电脑,不知不觉就心无旁骛地写了 3 个小时,完成了一篇名为《为什么专注如此困难?它真的困难吗?——正念、有助于觉醒的要素与基于奖赏的学习》的论文。这里的"完成"是真的完成、完稿的意思。

一般来说,同行评审的论文需要历经多次编辑,和评审者在细节等方面来回推敲,但这一次例外。我把这篇论文发给两位潜在合著者以确保无差错,然后在稍做编辑后就将它提交发表(论文只需少量修改就通过了,这对科学类发表过程来说不多见)。回顾这段经历,我意识到这种一气呵成的过程,是由于我长期练习、研究和教授这个主题,以至于论文已经处于过饱和溶液阶段,只需要一颗晶种就能引发结晶的连锁反应。这一次的晶种就是我最

[一] "心流"(flow)也被称作"入境"(in the zone)。它是一种心理状态,在这种状态中,人会全然地沉浸在某个活动中,体验到高度专注、全然投入、享受过程的感受。

近和人的一次讨论,讨论内容正是正念与基于奖赏的学习的关系。

我对心流的概念和体验做过很多探索,但我并未意识到自己在写作时可以进入心流。就像每一位优秀科学家会做的那样,我做了一个测试,看看这个实验是否可被重复。我先做了一些前期研究(写论文、博客等),之后才是开展终极大实验:我能以心流状态写一整本书吗?

我检查了自己是否具备适宜的实验背景:

(1)兴趣:我对写一本以正念和成瘾的科学机制为主题的书是有兴趣的。
(2)知识:我研究正念的历史长达20年,对成瘾的研究也已有10年。
(3)经验:我练习正念已经20年了,治疗成瘾患者的历史也有9年。

万事俱备,只欠东风。接下来我就着手设定合适的实验条件:

(1)食物
(2)无干扰
(3)心理按摩

我发现,要让我进入写书的心流状态,我不能饿着,身边也不能有类似《纽约时报》网站一样触手可及的东西。我所需要的是心理按摩——一旦足以引发"书写痉挛"⊖的想法"我下面该写什么?"

⊖ "书写痉挛"是一种导致手部书写困难的症状。——译者注

出现，而我的胃随之开始紧缩时，能够安抚胃部翻腾的办法。

因此，2015年12月底，我干脆在家进行为期两周、我一个人的冥想静修，这正是实验进行的合适条件：远离各种科技产品，除了我的猫之外无人打扰。我的妻子乐于成就这次"实验"，在此期间她前往西海岸探亲度假。静修开始之前，我准备了很多食物并把它们冷冻起来，这样在饥饿的时候，我只需要取一些丢进微波炉加热即可。

一切就绪之后，我给自己做了简单的练习安排：静坐、行走、写作，重复，但写作只在心流状态进行。我进行大量的常规冥想练习，包括静坐和行走，但只有想写的时候才坐下来写作。最重要的是，只要我感到轻微的胃部紧缩，就会立刻从写作中抽身，重新进入冥想练习，因为这通常意味着我脱离了心流，进入到某种强求状态。（我的意图是让冥想来缓解书写痉挛。）

两周后，我的第一本书《欲望的博弈》完成了。这个实验成功了！我证实了自己的假设，而且相当享受这个过程。但是，科学的标志是重复。你必须重复实验，来验证它是否属实。

2019年12月底，我的妻子飞到西海岸探亲度假，家里只剩下我和猫，于是我又开展了一次独自静修实验。（看，我甚至让时间、猫和剩下的一切都与上次实验一致，以确保没有多余干扰。）这一次静修只持续了9天，而且我没有写书的意图，只是打算制作一套面向用户的卡片，内容是基于三个挡位、有助于习惯改变的小练习。因此，这次静修并不是上一个实验的完美重复，但已经足够了。

我开始了静修，前面三天半只有静坐和行走练习，毫无写作的意愿。每当"我是不是应该写点儿什么"的想法出现时,胃部的疼痛总会随之而来,因此我继续练习行走和静坐。次日早晨,刚好是12月24日,星期二。那一天我没有感到胃痛,因此我坐下来看看会发生什么。我仍然不太确定自己是否已经准备好了,因此我只是起了个头。毕竟我只是要写一套卡片,而不是一本书或什么大部头,没什么大不了的。然而,也许是厚积而薄发,来自我的体验和过往写作中的点点滴滴,全都变成了电脑屏幕上喷涌而出的文字。现在是2019年12月30日,星期一,也就是7天后。我正在完成本书的最后一章[一]。

这能算是重复吗?

它显然说明我的拖延公式有部分("兴趣 + 知识 + 经验 = 享受写作 = 心流")是正确的。

我仍然很享受这一次的体验。而公式的最后一部分"优质产出",只有时间才能证明,并且需要你在自己的旅程里去证明。如果你觉得三个挡位还不足以让你建立循证信念,以让你付诸实践——也许你真的希望自己找到那颗神奇的药丸,瞬间并且永久地化解焦虑,或奇迹般地改正你的其他习惯——那么你可以诚实地问问自己:"在迪士尼世界之外,有多少愿望可以成真?"

如果你愿意靠近科学,信任自己的体验,那就好好看一看,到目前为止,你对你的大脑的运作机制有何了解,你做了哪些与大脑相关的练习——它们就是你已经取得的进展。请继续坚持建立你自己的信念,就在每一个当下,积跬步以至千里。

[一] 事实上这是倒数第二章,因为我后来有一些新的感想,于是在本书开头增加了一个有关新冠病毒肆虐的新章节,在结尾增加了一个结束章节(在乔治·弗洛伊德谋杀案发生和被披露后)。不过这一章仍然算是结束了。

第 23 章

不焦虑

每周,我都会参与带领一个线上视频团体课,帮助那些想要改变焦虑或其他习惯的人群。多年来,来自世界各地的人与我和罗宾·布德特博士(另一位带领者)通过 Zoom(一个在线会议平台)会议室进行每周一小时的深度讨论。我和罗宾本着真人秀的精神(真正的"真实"——为了助人而不是高收视率)来参与课程——不是高高在上地设定我们想要传授的智慧主题,而是邀请参与者提出自己的话题。然后,我们深入探讨他们的困扰、瓶颈,以及可以做些什么来脱离困境。这种做法得以让真实呈现,也让我和罗宾时刻保持警觉。我们永远不知道谁会提问,或者会带来什么话题。

这并不是团体治疗,因为团体治疗无法容纳 150 多个人以网络视频方式参与。我们使用简单的探询方法来理解他们的"问题",几轮简单对话之后,我们拿出《碟中谍》中"你要接受的任务是……"㊀的态度来激励对方接受挑战,在接下来一周尝试我们给出的建议。重点是,我们尽力把一次讨论控制在十分钟以内,这样就可以覆盖更多话题,也比较契合现代人专注时间有限的特点。(否则他们很快就被手机屏上和手机屏外的诸多"大规模分心武器"带走了。)我们以三个挡位为框架,这既给参与者提供了直接可用的行动步骤,也有助于旁观者跟上讨论内容,再自行练习消化。

有一次,一位看起来30多岁的男士提到自己目前的挣扎:焦虑燃起那一刻,他可以使用三挡练习RAIN或其他正念工具帮助自己平静下来,但是他无法想象接下来的时刻怎么保持平静。在确认他能够运用这些练习,而且这些练习确实有帮助之后,他立刻陷入对未来的担忧。他说:"但是接下来的24小时又怎么办呢?"

他的困惑让我想起我的门诊患者——不是焦虑患者,而是那些努力戒酒的人。我的许多患者都参加"匿名戒酒会"(Alcoholic Anonymous,AA)或者其他"12步"戒瘾项目(12-step program)㊁,以帮助自己应对化学物质依赖或行为依赖。AA的戒瘾流程包括:参与者承认无法控制自己的行为(这一观点对创建于20世纪30年代的AA来说极富革命性,它与几个世纪以来哲学家们声称的"意志力为王"背道而驰),反思过去的错误,弥补

㊀ "碟中谍"是热门的好莱坞系列动作电影,"你要接受的任务是……"("your mission, should you choose to accept it…")是其中的经典台词。——译者注

㊁ 匿名戒酒会就是一种12步戒瘾项目。——译者注

这些错误，帮助其他遭受同样痛苦的人。最著名的 AA 谚语，也许是"一次戒一天"（One day at a time）。

患者来到我这里时，往往已有数十年无节制饮酒的历史，他们无法想象一个月不喝酒是什么状态。他们甚至无法想象一周不喝酒是什么样，因为他们已经养成了另外一个习惯：告诉自己明天就戒酒。他们对自己发誓，这是最后一次饮酒，明天他们就会走上滴酒不沾的康庄大道，绝不再回头。他们和我的那些决意在今天抽完最后一支烟、暴食最后一顿冰淇淋，想象明天充满希望和放松的患者没什么两样。他们告诉自己，今天的"兵荒马乱"已经够多了，自己值得这点儿小小的放纵。他们的头脑以某种方式让他们相信，虽然戒酒是他们能为自己做的最好、最友善的事情，但是今天的豪饮也是他们此刻能做的最友善的事情。［顺便说一句，玛丽·卡尔（Mary Karr）的回忆录《光明》（*Lit*）优美动人地讲述了她与酗酒斗争的故事，将"明天魔咒"描述得淋漓尽致。］

当然，明天来临时，喝酒的冲动碾压了头天晚上发誓决不再糟蹋自己肝脏的清明意志。他们会问自己"我说过这句话吗？"之类的问题。好吧，从昨天到今天实在发生了太多事情。实际上，从今天上午到今天下午，也发生了很多事情。对一些人来说，几个小时不喝酒，就有度日如年之感，因为随着血液中酒精含量的下降，他们的大脑会开始变得烦躁不安、瘙痒难耐。这就是"一次戒一天"的由来。

确定性能减轻焦虑

患者一旦能够做到坚持几天不饮酒，接下来的旅程就要依靠

"一次戒一天"来支撑了。此刻并未饮酒的患者,如果感觉明天遥不可及,太难熬,那么他们可以把从这一刻到明天之间的时间细分成更小的单位,一次只戒一天,只戒一小时,只戒 10 分钟,甚至一次只戒一个片刻。当患者在我办公室里说他们可能坚持不到明天,我会问:"那么,现在呢?现在你没有喝酒。你认为你能在接下来的 5 分钟不喝酒吗?"这当然是一个有些耍滑头的问题,因为他们此刻在我的办公室,而且治疗也还没结束。

在仔细考虑过我的用意、确认我不是在逗他们之后,他们通常会回答:"是的,我可以做到。"

"好,那当你离开的时候呢?你认为接下来一个小时能做到不喝酒吗?"

我的大部分患者,在熟知应对技巧、了解 AA 会议日程、保存了引路人[一]电话号码的情况下,基本上都能做到。"一次戒一天"的关键(实际上也许是全部)在于不要想得太长远。记住,我们的大脑讨厌不确定性。计划越长远,中间发生变故的可能性就越大。我的很多患者对天发誓不再饮酒,但在第二天到来之前,各种匪夷所思的事情仍然发生了,令他们功亏一篑。对他们的大脑来说,明天就等同于不确定。度"秒"如年中,他们的头脑开始思考"在千头万绪之中,哪一件事情会出错呢?"但是,从现在到一小时后,中间发生灾难或错误的可能性就会小很多,因此他们保持不饮酒的路径会更确定(时间也更短)。而从现在到 5 分钟之后,更是如此。确定性会让焦虑降低,因为你无须担心"不确

[一] 这里的"引路人"(sponsor)特指 AA 会议里有较长时间戒酒经验,可以支持其他戒酒者的成员。——译者注

定结果",而这恰好是焦虑的定义。我的患者们可以深吸一口气,只计划今天,也就是一次只戒一天。如果这仍然感觉可怕,也可以一次只戒一小时,甚至一次只戒当下这一刻。滴水成河,把无数个片刻串联一起,就有了数小时的清醒;把无数个小时串联起来,就有了数天的清醒;如此类推。所有这一切的基础,都在于当下这一刻。

回到前面提到的那位线上视频团体课的参与者。他赌咒发誓说自己无法应对焦虑的样子,像极了我门诊的成瘾患者。他无法想象自己明天不焦虑,虽然他现在可以平静下来。于是我向他描述了我诊所的患者是如何戒瘾的:他们不去思考明天,因为让他们陷入泥潭的正是这无用的思考。他点头表示理解,我接着问,他是否可以用同样的原则来应对焦虑,是否可以创造一些"不焦虑"的时刻呢?不在明天,不在今天下午,就在此时此刻。他点点头,表示可以做到。他知道自己可以运用正念技巧来平息焦虑,至少 5 分钟是可以的。最重要的是,他看到,对明天会焦虑的思考,让他在当下就焦虑了,而就在同一时刻,他也可以脱离这个习惯回路。因此,我给他布置了一项任务(他选择接受的任务):去创造一些"不焦虑"的时刻,不是明天,而是现在。每当你发现自己正在担忧明天时,就使用正念技巧去留意你关于未来的想法——一刻接着一刻。

对于在焦虑(或本质上说是习惯)中挣扎的人来说,这是一个至关重要的概念。没错,我们可以依据过去的行为,来预测未来的行为(所以有习惯养成一说),但决定行为轨迹是延续还是改变的,是我们在当下而不是过去的行为。尽管听起来很老套,但我们只活在当下此刻。时间是一个概念,它将发生在一秒钟前的"此刻"与现在的"此刻"串联在一起，就像穿起一条珍珠项链一样。随着"此刻"的珠子不断滑向过去，这条叙事的项链就越来越长，串联起我们的人生故事。同样，我们也展望未来，寻找能添加到项链上的珠子。我们的大脑会根据过去的经验，预测接下来会发生什么。然而，我们只能在当下这一刻展望未来，因为未来完全存在于我们的头脑中。换句话说，我们对未来的思考（常常是担忧）只能发生在此时此刻。正如音乐家兰迪·阿姆斯特朗（Randy Armstrong）所说："担忧并不能消除明天的麻烦，反而会夺走今日的安宁。"

是的，我们拥有的全部，就是当下。我们"此刻"的所作所为，创造了添加到我们的人生项链的珠子。过去对未来的预测，取决于当下。这一点是如此重要，因此我要重复一遍：我们在当下的行为，决定着我们生活的航向。如果我们正在焦虑，就会制造出一颗焦虑的珠子。如果我们经常焦虑，就会制造出一条焦虑的项链，无论走到哪里都戴着它（有时还挺骄傲的）。如果在此刻，我们脱离了焦虑的习惯回路，不光不会再给项链添上一颗焦虑的珠子，还有机会添加一颗不同的珠子。我们可以制造好奇的项链，还可以制造友善的项链。有了这些"上上之选"，我们就可以把旧项链放下了。

将"极端主义"进行到底

我是一个"极端主义者"。

我的妻子开玩笑说，我只有两种状态：一是不做，二是不休。正如你在小刀割手事件中看到的，我小时候有一种倾向，一件事要么不做,要么做到极致。6岁左右的时候,我想要成为一个牛仔。去上小提琴团体课时,我脚踩牛仔靴,身负装在皮套中的玩具枪,脖系牛仔方巾,头戴牛仔帽——因为我想成为牛仔!上小学时,我会争取在放学回家的公交车上完成全部家庭作业,这样我一到站就可以全身心投入更重要的事情,比如在树林里玩。几年后,我当起了送报童,我发起一项自我极限挑战,看看我能把报纸卷得多小再缠上橡皮筋投递(这令我的客户相当困扰),又能以多快的速度跑完送报路线。高中时,我开始了无糖运动(以提高我的运动成绩),当我的同学们在享用冰淇淋等美食时,我则在数我的戒糖天数。这一切的高潮出现在我的研究生时期,我那时最喜欢的格言是"不成功,便成仁"——医学博士还是哲学博士?为何非要做选择?我全都要!

回望过去,我可以把这归因于激情和专注。但实际上,我们的大脑或多或少都在做这样的事情:一旦某些事情有奖赏性,就一次次地追逐它。这没问题——直到有一天它变成问题。我们生存的驱动力是一把双刃剑:基于奖赏的学习,既让人类得以生存,也让我们难以为继。

虽然我们神经科学家对大脑的运作机制已经有了一些粗浅的了解,但人类的种种生存机制,并不会很快以"物竞天择,适者生存"的方式更新换代。如果我把自己作为一个个案来研究,或者从更广泛的视角来看,我们对极端主义的研究都还相当肤浅。不过有一点很清楚,人们成为极端主义者与学会系鞋带涉及同样的学习机制:就像行走时人们通过系鞋带(行为)得以不被绊倒(结果)一样,人某些行为缓解了痛苦,从而不断被强化,直到我们无法想象还有其他选择的程度。事实上,眼下我们的社会正在进行一个大型社会实验（虽然我们并未签署参与实验的知情同意书）：社交媒体或新闻网站会根据我们的点击偏好，用算法选择性地向我们推送内容。每一次我们浏览社交媒体或新闻网站，实际上就是在毫不知情的情况下，把赞成票投给了那些由算法定制和裁量的内容。这些内容会变得越来越令人熟悉，从而强化我们未来的点击偏好。

我们越频繁地点击这些内容，就越有可能形成极端的观点。原因很简单，要弄清楚一些事情或辨析大量事实或观点，有太多模糊性，而这种模糊，相比清晰的团体共识或单一视角，让人感觉更糟糕（与各种灰度相比，白与黑的不确定性很小）。举个简单的例子，从社交媒体上获取的反馈（点赞量和转发量），是非黑即白并且可以量化的，而要从面对面交谈中获取反馈，则需要解读肢体语言和语调，充满了复杂的模糊感。难怪我们会看到年轻人明明坐在一起，却还要用手机来交流——不确定性令人害怕。

但是团体共识的确定感和安全感，有着高昂的代价：首先是极端观点得以强化；同时，它们也遮蔽了我们的视野，让我们漠视自己对他人的感受和行动。种族歧视、性别歧视和阶级歧视有着巨大的代价：它们给那些被"他者化"的群体造成压力、焦虑和创伤。

关于这种对生存至关重要的学习机制，查尔斯·达尔文有一个很有意思的观察，像是给他的进化理论的一个脚注。进化的本质用一条网络推文就可以说完——"适者生存"。但达尔文注意到，为了生存，除了围绕统治权的你死我活的争斗之外，还存在其他因素。在《人类的由来及性选择》一书中，他写道："那些成员最富有同情心的社群，发展最为繁荣，人丁最为兴旺。"[1]这可以解读为，即使只为了生存，友善也胜过恶意。那么，这种观点能否被发展到极致呢？

2004 年，加利福尼亚大学伯克利分校的研究员、至善科学中心的创始人达契尔·克特纳（Dacher Keltner）写了一篇文章，题为《慈悲的本能》。文章总结了大量支持慈悲的生物学基础的研究。[2] 这方面的例子包括：当母亲看到婴儿的照片时，她们大脑中与积极情绪相关的脑区会被激活；当研究被试观想他人受到的伤害时，类似的脑区也会被激活。克特纳总结道："这种一致性有力地表明，慈悲并不只是一种不稳定或非理性的情绪，更是植根于我们大脑沟回的一种天然的人类反应。"然而，生存与慈悲之间似乎还缺少一座桥梁：如果奖赏值驱动着行为，那么驱动亲社会行为的奖赏是什么？此外，这又如何解释极端主义？

我很好奇情绪状态与奖赏值的一致程度有多紧密，因此我的实验室开展了一个实验，请世界各地的人对 14 种不同的心理状态进行偏好排序——偏好是奖赏值的标志，因为我们天然更偏好更具奖赏性的行为和状态。我们收集了数百名被试的在线调查数据，从中发现，个体持续、显著地偏好友善、好奇、联结之类的心理状态，而不是焦虑、恐惧和愤怒的心理状态。这些结果与哲学界的争论相吻合，这些观点认为，关注恶意的具体感受，并对比善意的具体感受，比康德和休谟以理性为基础的理论更能促进道德行为的形成。(我在《欲望的博弈》中就此写了整整一章"学会刻薄和友善"，很高兴看到现在有数据支持这一点。)

换句话说，虽然自以为正义的愤怒可能在那一刻令人感到强大，但友善的感受更好、更有力量，特别在当你看到这些相对立的情感导致的行为及行为的结果时 [例如，"友善暴动"（kindness riot）期间，没有建筑物被烧毁，也没有人受伤]。亚伯拉罕·林肯（Abraham Lincoln）有一次被问及信仰，他简洁地回答："当我做好事时，我感觉很好。当我做坏事时，我感觉很糟糕。这就是我的信仰。"如果诚实的亚伯[一]（Abe）活到今天，他就可以将这条回复发在社交媒体上，来回应那些尖锐的抨击，同时精辟地总结我实验室的研究成果。他甚至还可以在推文中添加一个标签，比如"#觉察令我们免于仇恨的奴役"。

古语有云："研究即内观。"我实验室的研究结果与我自身的经验也相当吻合。我历尽艰辛才意识到，评判和愤怒不仅让我感到痛苦，也让我的情绪所指向的对象感到痛苦。[事实上，如果马尔科姆·格拉德威尔（Malcolm Gladwell）的10 000小时定律有依据的话，我在大学毕业之前就是评判他人的专家了。]我安排自己进行"冥想愤怒康复"，从中我深刻清晰地体会到，善意完胜恶意，它是当之无愧的上上之选。

如果这听起来像"极端主义"，我同意。你看，我的患者、课程参与者清楚地看到，烟味其实很恶心，暴食比吃饱就停感觉糟糕得多，好奇心完胜焦虑（当然是说感觉更好的意思）……我也一样，我现在是"友善极端主义者"。换句话说，当我有觉察时，我无法强迫自己刻意对别人不好。为什么？想象我的行为（即对某人不好）的结果会让我胃痛不已。光是想象一下，就让我感觉很糟糕。我的大脑已经完全对恶意祛魅，对善意臣服。是的，这听起来有些极端，但相信我，相比烟、酒精，我更愿意对友善上瘾。达尔文诚不我欺也。

㊀ 亚伯拉罕的昵称。——译者注

在这个世界里，当涉及生存时，我都会选择"友善主义"，而不是种族主义、性别歧视和部落主义。我想，至今为止我们所有人已经见过太多仇恨和暴力。我出生于印第安纳州，由单亲妈妈抚养长大，虽然家境并不富裕，但我的性别和肤色保护了我。然而，每天都有人因为性别和肤色问题而遭受伤害，这些伤害或许是"微歧视"（microaggression），或许是敌意，也可能是公然虐待。马丁·路德·金博士1963年在伯明翰一所监狱写的信中提到："问题并不在于我们是否会成为极端主义者，而在于我们会成为什么样的极端主义者。我们会成为恨的极端主义者，还是爱的极端主义者？我们会成为助长不公正的极端主义者，还是伸张正义的极端主义者？"[3]

在这个日益走向分化的世界里，我呐喊："谁与我同行？"这是我对马丁·路德·金博士和其他先行者的遥遥呼应。谨记他们的谆谆教导：好好运用你的脑子。你会成为哪一种极端主义者？你能否发掘自己与生俱来的好奇心与善意，去创建更好的生活和世界？还是说，你愿意被恐惧和利己的浪潮所淹没？如果你不想随俗浮沉、被冲向大海，以致醒悟时（无论是有意识还是无意识的醒悟）徒流泪水，那就记住你的锚点，升起觉察，用心关注你行动的结果。你已经掌握了为焦虑松绑的原理和工具，接下来，运用它们来激发你的动力和能量，朝着更加幸福、更加友善、更有联结感的生活迈进吧！

后记

6年和5分钟

  2013年,我应邀在TEDx上做了一次关于心流的演讲。演讲在美国弗吉尼亚州亚历山大市一家古雅的20世纪20年代风格的剧院进行,离首都华盛顿特区就隔着一条波托马克河。演讲很顺利(当时我好像进入了心流状态,感觉妙不可言!),喜上加喜的是,我的团队也在那时刚完成了"烟瘾退"手机应用的初始版本。我们投入了大量时间开发这个手机应用,而且当时基于手机应用的正念训练是一个相当新颖的概念,因此我迫不及待地想找人来试一试效果。此时距我第一次接触正念已经将近20年了,我们手上有了点儿"东西",有希望使用正念来大规模地助人(即基本上每一位智能手机用户)。说得委婉一点儿,我的手机已经蠢蠢欲动了。

  由于我当时在首都华盛顿附近,于是顺道拜访了一个朋友,他是国会议员。他既是我的朋友,也是正念的大力倡导者(他甚至写了一本有关正念的书)。关于用低成本方案改善美国国家的医疗保健,找他简直再合适不过了。

这位朋友和我年龄仅差4个月,我们一年前在一个冥想科学研究会议上相识。一到他办公室门口,他就拉着我进去,紧接着就请我介绍最新的研究进展。他这一点给我留下了深刻的印象:在支持某件事之前,要先了解其背后的事实和科学。

交谈中,我分享了我们对正念和戒烟的最新发现,并提到我们最近刚刚开发出一款数字化正念训练手机应用。我掏出手机,向他展示这个程序的特点。他睁大了眼睛,打断我的话头,起身对另一个房间里的一位年轻员工喊道:"嘿,迈克尔,进来一下!"我不由得思忖起国会议员的员工持续"待命"的感受。迈克尔进来时一脸茫然。"你抽烟,是吗?"朋友问道——口气不像提问,更像命令。迈克尔犹豫着轻声回答道:"是的。""嗯,你不必戒烟,但试试这个手机应用,告诉我它有没有用。"他说完就让他下去。迈克尔点点头,略带困惑地走出房间,等待接下来的指示。

那天下午,我在回家的火车上给迈克尔发了一封电子邮件。邮件开头写道:"感谢您自愿(或"被自愿")帮助测试我们'烟瘾退'手机应用。"然后我向他详细介绍如何开始这个流程。两天后,他启用了程序。接下来的一周,他给我发了一封电子邮件告知进展,邮件结尾写道:"再次感谢您给我这个机会,我原本没有戒烟打算,但既然我参与了这个测试,我想择日不如撞日。"一个月后,我收到了迈克尔的后续邮件:"我启用这个程序时心里是有怀疑的,但效果几乎立竿见影。过去我每天抽10支烟,不带着烟和打火机简直就不敢出门,21天后我彻底停止抽烟了。如果没有'烟瘾退',这完全不可能发生。"我读到这里时,眼泪哗啦啦地流。我妻子问发生了什么事,我磕磕巴巴地说:"它可能真的有效。"

一年多后,安德森·库珀(Anderson Cooper)为拍摄哥伦比亚广播公司的《60分钟》而访问我在正念中心的实验室。他最近采访过我的那个朋友,于是我向节目制作人丹尼丝·塞塔(Denise Cetta)询问迈克尔的近况。是的,她记得他,并提到,迈克尔告诉她,他仍然不抽烟。

太好了。

2019年秋天,朋友和我在一次会议上先后进行演讲。在我起身演讲之前,他俯身在我耳边悄声说:"嘿,你还记得那个为我工作的戒烟者吗?"

"当然记得。"

"他仍然不抽烟。"朋友咧嘴笑道。

哇,一场5分钟的对话发生6年之后,一个"被自愿"参与正念实验的人彻底戒掉了他的吸烟习惯。

真是太好了。我爱我的工作。

反馈

我和任何有大脑的人一样,从反馈中学习成长。我已竭力如实地描述我在科研和临床工作(面对面和通过手机应用)中总结出来的简单的方法。有任何反馈意见,请随时通过电子邮件与我联系。欢迎大家指出书中的遗漏、错误和可改进之处。此外，我也很乐意听到这本书哪些地方是你喜欢的、觉得有用的，等等。这对我来说是一个不断学习的过程。学习得越深入，我就能更好完善这些工具，帮助他人。

致　谢

　　如果你翻回献词页，会看到我把这本书献给了一个叫"亚马逊成瘾者"的人。我不知道这个人的名字，只知道其自称为女性。我知道这个人，是因为她在亚马逊网站给我的第一本书《欲望的博弈》写了一个三星评论，标题是"故意隐瞒信息"。

　　为什么我要把这本书献给她，而不是我的妻子，或者至少是一个我知道名字的人呢？（我妻子是一位才华横溢的学者，有一颗致力于改善世界的金子般的心，她是我最好的朋友。她并不需要我通过献书来表达我对她的爱。）

　　"亚马逊成瘾者"起了一个醒目的评论标题，但更重要的是，就像互联网上那些无心发布后自成气候的信息一样，她的评论得到了许多"赞"，位居评论榜首，人们进入页面第一眼就能看到它。得益于"地利"优势，这个评论可能会永居榜首。这狠狠地提醒着我，老天爷是有幽默感的。她写道：

> 这本书对欲望研究的论述，确实让人眼前一亮。对我这样一个既上过神经科学研究生课程，又花了一些时间在"坐垫上"（冥想）的人来说，这是一本引人入胜的书。然而，从某种意义上来讲，这本书也非常令人失望，很遗憾我不能推荐它。它的关键问题在于没有兑现标题的后半部分："我们如何能打破坏习惯"……作者看起来是一个非常关心他人的人，令我不解的是，他并没有为人们提供他在整个成年时期都在研究的干预方案。

"亚马逊成瘾者"的评语对我来说就像一顿猝不及防的胖揍。我曾误以为，人们会读《欲望的博弈》，也能将这些概念应用到自己的生活中，进而摆脱习惯和成瘾。尽管我收到了很多读者邮件，他们表示读完《欲望的博弈》之后，自己可以摆脱顽固成瘾，但"亚马逊成瘾者"让我意识到，大部分人需要的不仅仅是地图和指南针，他们还需要向导。写上一本书的时候，我还没有做好成为向导的准备。我那时还没有足够的精神科成瘾医生的工作经验，也还没有进行本书中论述的研究。（《欲望的博弈》主要聚焦于我们成瘾的不同方式，以及正念的效果背后的神经科学。）多年来，看到这个评论稳居评论榜首，一定在我的大脑潜意识层面留下了烙印。就像汽车上的小凹痕一样，每当你看到它时，都会触发你重新想起形成凹痕的那一刻，并促使你伸手摩挲这个凹痕，好像这个行为可以神奇地让它消失一样。当条件成熟时，我大脑里的"凹痕"变成了这本书的晶种。因此，"亚马逊成瘾者"，无论你是谁，我都要谢谢你恰到好处的一踢。

致 谢

我永远感激那些自愿参加我实验的人们,以及那些在我实验室工作(过)的成员们。他们怀着让世界变得更美好的共同愿景,组成了一个优秀的团队来完成我们的工作,他们是:亚历山德拉(亚历克斯)·罗伊 Alex(andra) Roy、普拉桑塔·帕尔(Prasanta Pal)、韦拉妮克·泰勒(Veronique Taylor)、伊莎贝尔·莫斯利(Isabelle Moseley)、比尔·纳迪(Bill Nardi)、孙舒放、薇拉·路德维希(Vera Ludwig)、林赛·克里尔(Lindsey Krill)、高梅(May Gao)、雷姆科·范·卢特维尔(Remko van Lutterveld)、苏珊·德鲁克(Susan Druker)、伊迪丝·邦宁(Edith Bonnin)、阿兰娜·德鲁蒂(Alana Deluty)、巴勃罗·阿布兰特(Pablo Abrante)、凯蒂·加里森(Katie Garrison)等。我的患者是启发我的灵感、让我保持谦卑的源泉,他们教给我的关于精神病学和医学实践的一切,远超教科书。

非常感谢我的编辑卡罗琳·萨顿(Caroline Sutton),她慧眼如炬,从一众极具洞察力的想法中,提出将焦虑作为本书的中心焦点。感谢卢克·邓普西(Luke Dempsey),他通过苏格拉底式的编辑方法,帮助我将写作提升到了一个更高的水平。还有乔希·罗曼(Josh Roman),多年来他一直从专业角度帮我梳理我的想法和措辞,其中许多形成了本书的章节。以及凯特琳·斯图尔伯格(Caitlin Stulberg),她花了很多心血,澄清本书表达不清晰的地方,为本书润色。

感谢我的妻子玛赫里·伦纳德·弗莱克曼(Mahri Leonard-Fleckman),她不仅是我能想象到的最好的生活伴侣,还想出了"给焦虑松绑"这个表达。我也感激我的经纪人梅利莎·弗拉克曼(Melissa Flashman),她承担了全部宣传事务。

我有幸与罗宾·布德特（Robin Boudette）和雅基·巴内特（Jacqui Barnett）一起密切合作，帮助人们克服不良习惯，发现他们的内在超能力：好奇心和友善。从与他们的合作中我学到了很多。我要感谢罗伯·苏霍扎（Rob Suhoza），我们之间的多次讨论极具启发性，其中蕴含的风味和洞见，让本书的许多概念变得生动起来。而与科尔曼·林德斯利（Coleman Lindsley）的徒步和骑行，则帮助我逐步形成和表达我对生活的态度（我们在瓦尔登湖畔的一次漫步至关重要，我学会了如何用语言表达清楚压力和焦虑的异同）。

许多人不仅自愿阅读这本书的草稿，还认真地提出意见和建议，包括爱丽丝·布鲁尔（Alice Brewer）、薇薇安·基根（Vivienne Keegan）、马克·米奇尼克（Mark Mitchnick）、迈克尔·艾里什（Michael Irish）、布拉德·斯图尔伯格（Brad Stulberg）、凯文·霍金斯（Kevin Hawkins）、艾米·伯克（Amy Burke）、迈凯拉·贝克（Michaella Baker）、艾比盖尔·蒂施（Abigail Tisch）、米奇·艾伯特（Mitch Abblett）、詹妮弗·班克斯（Jennifer Banks）、利·布拉辛顿（Leigh Brasington）、杰米·梅洛（Jaime Mello），以及其他我可能无意中忘记提及的人。

我还要感谢朱莉娅·米罗什尼琴科（Julia Miroshnichenko），她为本书设计制作了各类图表。

参考文献

第 1 章

1. *The Letters of Thomas Jefferson 1743–1826*.
2. T. Jefferson, *letter to John Homles*, April 22, 1820; T. Jefferson, *letter to Thomas Cooper*, September 10, 1814; T. Jefferson, *letter to William Short*, September 8, 1823.
3. Anxiety and Depression Association of America, "Managing Stress and Anxiety".
4. National Institute of Mental Health, "Any Anxiety Disorder," 2017.
5. APA Public Opinion Poll, 2018.
6. "By the Numbers: Our Stressed-Out Nation".
7. A. M. Ruscio et al., "Cross-Sectional Comparison of the Epidemiology of DSM-5 Generalized Anxiety Disorder Across the Globe." *JAMA Psychiatry* 74, no. 5 (2017): 465–75; doi: 10.1001/jamapsychiatry.2017.0056.
8. Y. Huang and N. Zhao, "Generalized Anxiety Disorder, Depressive Symptoms and Sleep Quality During COVID-19 Outbreak in China: A Web-Based Cross-Sectional Survey." *Psychiatry Research* 2020:112954; doi: 1.1016/j.psychres.2020.112954.
9. M. Pierce et al., "Mental Health Before and During the COVID-19 Pandemic: A Longitudinal Probability Sample Survey of the UK Population." *The Lancet Psychiatry*, July 21, 2020; doi: 10.1016/S22150366(20)30308-4.
10. E. E. McGinty et al., "Psychological Distress and Loneliness Reported by US Adults in 2018 and April 2020." *JAMA* 324, no. 1 (2020): 93–94; doi: 10.1001/jama.2020.9740.
11. D. Vlahov et al., "Sustained Increased Consumption of Cigarettes, Alcohol, and Marijuana Among Manhattan Residents After September 11, 2001." *American Journal of Public Health* 94, no. 2 (2004): 253–54; doi: 10.2105/ajph.94.2.253.
12. V. I. Agyapong et al., "Prevalence Rates and Predictors of Generalized Anxiety Disorder Symptoms in Residents of Fort McMurray Six Months After a Wildfire." *Frontiers in Psychiatry* 9 (2018): 345; doi: 10.3389/fpsyt.2018.00345.

第 2 章

1. 这需要更详细的讨论，超出了本书的范围。如果你有兴趣了解更多相关的科学知识，我推荐 Robert M. Sapolsky's *Why Zebras Don't Get Ulcers*, 3rd ed. (New York: Holt, 2004). 如果想了解这与创伤的关系，并获得一些关于安全释放能量的实用技巧和工具，可以参考 *The Body Keeps the Score* by Bessel van der Kolk (New York: Penguin, 2015) and *My Grandmother's Hands* by Resmaa Menakem (Las Vegas, NV: Central Recovery Press, 2017).
2. A. Chernev, U. Böckenholt, and J. Goodman, "Choice Overload: A Conceptual Review and Meta-Analysis." *Journal of Consumer Psychology* 25, no. 2 (2015): 333–58; doi: 10.1016/j.jcps.2014.08.002.
3. Y. L. A. Kwok, J. Gralton, and M.-L. McLaws, "Face Touching: A Frequent Habit That Has Implications for Hand Hygiene." *American Journal of Infection Control* 43, no. 2 (2015): 112–14; doi: 10.1016/j.ajic.2014.10.015.

第 6 章

1. B. Resnick, "Why Willpower Is Overrated." *Vox*, January 2, 2020.
2. D. Engber, "Everything Is Crumbling." *Slate*, March 16, 2016.
3. M. Milyavskaya and M. Inzlicht, "What's So Great About Self-Control? Examining the Importance of Effortful Self-Control and Temptation in Predicting Real-Life Depletion and Goal Attainment." *Social Psychological and Personality Science* 8, no. 6 (2017): 603–11; doi: 10.1177/1948550616679237.
4. A. F. T. Arnsten, "Stress Signalling Pathways That Impair Prefrontal Cortex Structure and Function." *Nature Reviews Neuroscience* 10, no. 6 (2009): 410–22; doi: 10.1038/nrn2648; A. F. T. Arnsten, "Stress Weakens Prefrontal Networks: Molecular Insults to Higher Cognition." *Nature Neuroscience* 18, no. 10 (2015): 1376–85; doi: 10.1038/nn.4087; A. F. T. Arnsten et al., "The Effects of Stress Exposure on Prefrontal Cortex: Translating Basic Research into Successful Treatments for Post-Traumatic Stress Disorder." *Neurobiology of Stress* 1 (2015): 89–99; doi: 10.1016/j.ynstr.2014.10.002.
5. B. M. Galla and A. L. Duckworth, "More Than Resisting Temptation: Beneficial Habits Mediate the Relationship Between Self-Control and Positive Life Outcomes." *Journal of Personality and Social Psychology* 109, no. 3 (2015): 508–25; doi: 10.1037/pspp0000026.
6. C. S. Dweck, *Mindset: The New Psychology of Success* (New York: Random House Digital, 2006).
7. J. A. Brewer et al. "Mindfulness Training for Smoking Cessation: Results from a Randomized Controlled Trial." *Drug and Alcohol Dependence* 119, no. 1–2 (2011): 72–80; doi: 10.1016/j.drugalcdep.2011.05.027.

第 7 章

1. R. M. Yerkes and J. D. Dodson, "The Relation of Strength of Stimulus to Rapidity of Habit Formation." *Journal of Comparative Neurology and Psychology* 18, no. 5 (1908): 459–82; doi: 10.1002/cne.920180503.
2. H. J. Eysenck, "A Dynamic Theory of Anxiety and Hysteria." *Journal of Mental Science* 101, no. 422 (1955): 28–51; doi: 10.1192/bjp.101.422.28.
3. P. L. Broadhurst, "Emotionality and the Yerkes-Dodson Law." *Journal of Experimental Psychology* 54, no. 5 (1957): 345–52; doi: 10.1037/h0049114.
4. L. A. Muse, S. G. Harris, and H. S. Feild, "Has the Inverted-U Theory of Stress and Job Performance Had a Fair Test?" *Human Performance* 16, no. 4 (2003): 349–64; doi: 10.1207/S15327043HUP1604_2.

第 8 章

1. M. A. Killingsworth and D. T. Gilbert, "A Wandering Mind Is an Unhappy Mind." *Science* 330, no. 6006 (2010): 932; doi: 10.1126/science.1192439.
2. M. E. Raichle et al., "A Default Mode of Brain Function." *Proceedings of the National Academy of Sciences of the United States of America* 98, no. 2 (2001): 676–82; doi: 10.1073/pnas.98.2.676.
3. J. A. Brewer, K. A. Garrison, and S. Whitfield-Gabrieli, "What About the 'Self' Is Processed in the Posterior Cingulate Cortex?" *Frontiers in Human Neuroscience* 7 (2013): 647; doi: 10.3389/fnhum.2013.00647; J. A. Brewer, *The Craving Mind: From Cigarettes to Smartphones to Love—Why We Get Hooked and How We Can Break Bad Habits* (New Haven, CT: Yale University Press, 2017).
4. Y. Millgram et al., "Sad as a Matter of Choice? Emotion-Regulation Goals in Depression." *Psychological Science* 26, no. 8 (2015): 1216–28; doi: 10.1177/0956797615583295.
5. J. A. Brewer et al., "Meditation Experience Is Associated with Differences in Default Mode Network Activity and Connectivity." *Proceedings of the National Academy of Sciences of the United States of America* 108, no. 50 (2011): 20254–59; doi: 10.1073/pnas.1112029108.
6. K. A. Garrison et al., "Effortless Awareness: Using Real Time Neurofeedback to Investigate Correlates of Posterior Cingulate Cortex Activity in Meditators' Self-Report." *Frontiers in Human Neuroscience* 7 (2013): 440; doi:10.3389/fnhum.2013.00440; K. A. Garrison et al., "Real-Time fMRI Links Subjective Experience with Brain Activity During Focused Attention." *Neuroimage* 81 (2013): 110–18; doi: 10.1016/j.neuroimage.2013.05.030.
7. A. C. Janes et al., "Quitting Starts in the Brain: A Randomized Controlled Trial of App-Based Mindfulness Shows Decreases in Neural Responses to Smoking Cues That Predict Reductions in Smoking." *Neuropsychopharmacology* 44 (2019): 1631–38; doi: 10.1038/s41386-019-0403-y.

第 9 章

1. N. T. Van Dam et al., "Development and Validation of the Behavioral Tendencies Questionnaire." *PLoS One* 10, no. 11 (2015): e0140867; doi: 10.1371/journal.pone.0140867.
2. B. Buddhaghosa, *The Path of Purification,* trans. B. Ñāṇamoli (Onalaska, WA: BPS Pariyatti Publishing, 1991), 104.

第 10 章

1. S. E. Thanarajah et al., "Food Intake Recruits Orosensory and Post-Ingestive Dopaminergic Circuits to Affect Eating Desire in Humans." *Cell Metabolism* 29, no. 3 (2019): 695–706.e4; doi: 10.1016/j.cmet.2018.12.006.
2. M. L. Kringelbach and E. T. Rolls, "The Functional Neuroanatomy of the Human Orbitofrontal Cortex: Evidence from Neuroimaging and Neuropsychology." *Progress in Neurobiology* 72, no. 5 (2004): 341–72; doi: 10.1016/j.pneurobio.2004.03.006; J. O'Doherty et al., "Abstract Reward and Punishment Representations in the Human Orbitofrontal Cortex." *Nature Neuroscience* 4, no. 1 (2001): 95–102; doi: 10.1038/82959.
3. M. L. Kringelbach, "The Human Orbitofrontal Cortex: Linking Reward to Hedonic Experience." *Nature Reviews Neuroscience* 6, no. 9 (2005): 691–702; doi: 10.1038/nrn1747.
4. J. A. Brewer, "Mindfulness Training for Addictions: Has Neuroscience Revealed a Brain Hack by Which Awareness Subverts the Addictive Process?" *Current Opinion in Psychology* 28 (2019): 198–203; doi: 10.1016/j.copsyc.2019.01.014.

第 12 章

1. C. S. Dweck, *Mindset: The New Psychology of Success* (New York: Random House Digital, 2006), 179–80.

第 13 章

1. D. M. Small et al., "Changes in Brain Activity Related to Eating Chocolate: From Pleasure to Aversion." *Brain* 124, no. 9 (2001): 1720–33; doi: 10.1093/brain/124.9.1720.
2. A. L. Beccia et al. "Women's Experiences with a Mindful Eating Program for Binge and Emotional Eating: A Qualitative Investigation into the Process of Behavioral Change." *Journal of Alternative and Complementary Medicine*, online ahead of print July 14, 2020; doi: 10.1089/acm.2019.0318.
3. J. A. Brewer et al., "Can Mindfulness Address Maladaptive Eating Behaviors? Why Traditional Diet Plans Fail and How New Mechanistic Insights May Lead to Novel Interventions." *Frontiers in Psychology* 9 (2018): 1418; doi: 10.3389/fpsyg.2018.01418.

第 14 章

1. P. Lally et al., "How Are Habits Formed: Modelling Habit Formation in the Real World." *European Journal of Social Psychology* 40, no. 6 (2010): 998–1009; doi: 10.1002/ejsp.674.
2. M. A. McDannald et al., "Model-Based Learning and the Contribution of the Orbitofrontal Cortex to the Model-Free World." *European Journal of Neuroscience* 35, no. 7 (2012): 991–96; doi: 10.1111/j.14609568.2011.07982.x; R. A. Rescorla and A. R. Wagner, "A Theory of Pavlovian Conditioning: Variations in the Effectiveness of Reinforcement and Nonreinforcement," in A. H. Black and W. F. Prokasy, eds., *Classical Conditioning II: Current Research and Theory* (New York: Appleton-Century-Crofts: 1972), 64–99.
3. Boll et al., *European Journal of Neuroscience*, vol. 37 (2013): 758–67.
4. V. Taylor et al., "Awareness Drives Changes in Reward Value and Predicts Behavior Change: Probing Reinforcement Learning Using Experience Sampling from Mobile Mindfulness Training for Maladaptive Eating," in press.
5. A. E. Mason et al., "Testing a Mobile Mindful Eating Intervention Targeting Craving-Related Eating: Feasibility and Proof of Concept." *Journal of Behavioral Medicine* 41, no. 2 (2018): 160–73; doi: 10.1007/s10865-017-9884-5; V. U. Ludwig, K. W. Brown, and J. A. Brewer. "Self-Regulation Without Force: Can Awareness Leverage Reward to Drive Behavior Change?" *Perspectives on Psychological Science* (2020); doi: 10.1177/1745691620931460; A. C. Janes et al., "Quitting Starts in the Brain: A Randomized Controlled Trial of App-Based Mindfulness Shows Decreases in Neural Responses to Smoking Cues That Predict Reductions in Smoking." *Neuropsychopharmacology* 44 (2019): 1631–38; doi: 10.1038/s41386-019-0403-y.

第 15 章

1. W. Hofmann and L. Van Dillen, "Desire: The New Hot Spot in Self-Control Research." *Current Directions in Psychological Science* 21, no. 5 (2012): 317–22; doi: 10.1177/0963721412453587.
2. Wikipedia, "Cognitive Behavioral Therapy".
3. Hofmann and Van Dillen, "Desire: The New Hot Spot in Self-Control Research."
4. M. Moss, "The Extraordinary Science of Addictive Junk Food." *New York Times Magazine*, February 20, 2013.
5. O. Solon, "Ex-Facebook President Sean Parker: Site Made to Exploit Human 'Vulnerability.' " *The Guardian*, November 9, 2017.
6. A. F. T. Arnsten, "Stress Weakens Prefrontal Networks: Molecular Insults to Higher Cognition." *Nature Neuroscience* 18, no. 10 (2015): 1376–85; doi: 10.1038/nn.4087; A. F. T. Arnsten, "Stress Signalling Pathways That Impair Prefrontal Cortex Structure and Function." *Nature Reviews Neuroscience* 10

(2009): 410–22; doi: 10.1038/nrn2648.
7. J. A. Brewer, "Feeling Is Believing: The Convergence of Buddhist Theory and Modern Scientific Evidence Supporting How Self Is Formed and Perpetuated Through Feeling Tone (Vedanā)." *Contemporary Buddhism* 19, no. 1 (2018): 113–26; doi: 10.1080/14639947.2018.1443553; J. A. Brewer, "Mindfulness Training for Addictions: Has Neuroscience Revealed a Brain Hack by Which Awareness Subverts the Addictive Process?" *Current Opinion in Psychology* 28 (2019): 198–203; doi: 10.1016/j.copsyc.2019.01.014.
8. K. A. Garrison et al., "Effortless Awareness: Using Real Time Neurofeedback to Investigate Correlates of Posterior Cingulate Cortex Activity in Meditators' Self-Report." *Frontiers in Human Neuroscience* 7 (2013): 440; doi: 10.3389/fnhum.2013.00440.

第 16 章

1. W. Neuman, "How Long Till Next Train? The Answer Is Up in Lights." *New York Times*, February 17, 2007.
2. Transcript from an interview with Leon Lederman by Joanna Rose, December 7, 2001.
3. J. A. Litman and P. J. Silvia, "The Latent Structure of Trait Curiosity: Evidence for Interest and Deprivation Curiosity Dimensions." *Journal of Personality Assessment* 86, no. 3 (2006): 318–28; doi: 10.1207/s15327752jpa8603_07.
4. M. J. Gruber, B. D. Gelman, and C. Ranganath, "States of Curiosity Modulate Hippocampus-Dependent Learning Via the Dopaminergic Circuit." *Neuron* 84, no. 2 (2014): 486–96; doi: 10.1016/j.neuron.2014.08.060.
5. T. C. Blanchard, B. Y. Hayden, and E. S. Bromberg-Martin, "Orbitofrontal Cortex Uses Distinct Codes for Different Choice Attributes in Decisions Motivated by Curiosity." *Neuron* 85, no. 3 (2015): 602–14; doi: 10.1016/j.neuron.2014.12.050.
6. Albert Einstein, "Old Man's Advice to Youth: 'Never Lose a Holy Curiosity.'" *Life*, May 2, 1955, p. 64.

第 19 章

1. J. A. Brewer, *The Craving Mind: From Cigarettes to Smartphones to Love—Why We Get Hooked and How We Can Break Bad Habits* (New Haven, CT: Yale University Press, 2017); K. A. Garrison et al., "BOLD Signal and Functional Connectivity Associated with Loving Kindness Meditation." *Brain and Behavior* 4, no. 3 (2014); doi: 10.1002/brb3.219.

第 20 章

1. C. Darwin, *The Expression of the Emotions in Man and Animals* (New York: Oxford University Press, 1998).

2. D. H. Lee, J. M. Susskind, and A. K. Anderson, "Social Transmission of the Sensory Benefits of Eye Widening in Fear Expressions." *Psychological Science* 24, no. 6 (2013): 957–65; doi: 10.1177/0956797612464500.

第 21 章

1. American Psychiatric Association, *Diagnostic and Statistical Manual of Mental Disorders (DSM-5)* (Washington, D.C.: American Psychiatric Association Publishing, 2013).

第 23 章

1. C. Darwin, *The Descent of Man and Selection in Relation to Sex*, vol. 1 (New York: D. Appleton, 1896), 72.
2. D. Keltner, "The Compassionate Instinct." *Greater Good Magazine*, March 1, 2004.
3. *Diagnostic and Statistical Manual of Mental Disorders (DSM-5)*. Dr. Martin Luther King Jr., "Letter from Birmingham Jail".

给松拖绑延

机械工业出版社
CHINA MACHINE PRESS

问：这本小册子是什么？作者是谁？

答：这本名为《给拖延松绑》的小册子，是本书（《给焦虑松绑》简体中文版）的附赠产品。我是本书译者之一于海成（高地清风）。小册子是我根据对书中技术的实践经验，结合自己在拖延干预、正念练习和正念教学中的长期实践写出的，以问答的形式呈现。

写这本小册子的一些背景，在《给焦虑松绑》的译者序里，已经做了介绍。**如果把《给焦虑松绑》看作"官方软件包"，那么《给拖延松绑》就是我针对拖延问题开发的"插件"。**

问：我是因为焦虑才读这本书的。那这本讲拖延的小册子，我也需要读吗？

答：不是每位读者都需要"给拖延松绑"。如果你的拖延困扰不明显，可能对小册子的共鸣没那么强烈。这一点令人羡慕！但欢迎你分享给别人。

不过，许多人在面对焦虑时，会出现拖延的反应。如果你属于这种情况，也许你已经意识到小册子对自己的意义。特别是有一部分伙伴，原本就是因为拖延困扰而关注了我，并且是从我这里知道了这本书。这本小册子首先就是为咱们这群伙伴写的。

还有一些朋友属于正念练习的"发烧友"，他们出于兴趣，希望探索本书中技术的更多应用场景。我为此在小册子里演示了一种迁移运用的例子，既保留了本书技术的精髓，又紧密贴合了拖延问题的独特性。这种"再创新"的方式，也许可以为你提供新的灵感与思路。

应对焦虑的技巧，既然还可以应对拖延，那当然也能应对多种多样的疑难杂"症"。

问：需要完整读过《给焦虑松绑》之后，才能看懂这本小册子吗？

答：通读《给焦虑松绑》之后，再读这本小册子，可以顺畅地理解小册子的内容。

不过，请注意不要执着于这种依赖条件，认定"只有把整本书都完全读过了，才能从小册子里受益"。那样可能造成不必要的拖延。事实上，给行动预设不必要的条件，恰恰就是许多拖延伙伴容易陷入的一种习惯模式。

即使你在读小册子时，第一遍有很多不太懂的地方，也不妨带着允许的态度，继续浏览。在通读全书之后，再来读小册子，可能很多疑惑就解开了。当你这样做时，其实已经是在加深自己的正念能力了，因为"允许"恰恰是正念练习中培育的一种重要态度。

"把拖延当瘾来治"

问：译者序里提到，《给焦虑松绑》就是"把焦虑当瘾来治"，那么《给拖延松绑》是不是"把拖延当瘾来治"？

答：是的。《给焦虑松绑》书中的这套技术，在作者布鲁尔博士的官网上，叫作正念行为改变（mindfulness-based behavior change，MBBC）。至少对于许多简单的拖延习惯，按照正念行为改变的三个"挡位"来应对，是一种很自然的思路：一挡是梳理拖延习惯的脉络，二挡是观察拖延行为的奖赏值，三挡是用更有效的行动来替代拖延。

问：面对拖延习惯，怎样运用一挡练习，开始应对？

答：在重复旧习惯的同时，通过觉察，识别出"触发物→行为→奖赏"的回路，就开启了一挡。这就像是驾车起步，低速前进。

以常见的"刷手机拖延"为例，也许能识别出这样的回路：

* 触发物：因为截止日期临近而焦虑

☀ 行为：拿起手机刷社交媒体

☀ 奖赏：暂时回避了焦虑

问：一挡之后呢？好像有时看清回路就能改变，而另一些时候，只有一挡还不够？

答：是的。理解行为的模式，有希望带来很大的变化，但更多时候，还需要进入二挡练习。

二挡不需要立刻"改掉"拖延。在继续拖延的同时，只要你持续看到拖延带来的结果（特别是感受），就可以了。这就像是中速前进。

例如，在刷社交媒体的同时，持续地正念觉察，留意到：

刚打开时很兴奋，开始搜寻感兴趣的内容……

然后满足感和单调感交替出现……

随着感兴趣的内容浏览殆尽，单调甚至无聊的感觉比例渐高……

感到身体有些僵硬和疲惫，眼睛有些酸胀……

突然发现一条令人气愤的社会新闻……

更气人的是评论区有那么多人三观不正！气死我了，气得想摔手机……

重复这样的练习，我们可能会反复觉察到一个事实：社交媒体并不是每次都那么吸引人，都能带来纯纯的满足感。

充分积累这种觉察，可以降低刷社交媒体的吸引力。用专业术语来概括，就是"降低奖赏值"，也可以叫作"祛魅"或者"脱粉"。这样，刷社交媒体的习惯开始松动，更有机会被新习惯替代。

问：这是不是就为三挡练习打好基础了？

答：是的。"挡位"的巧妙比喻暗示着：一、二挡帮我们逐渐提速，而当速度足够快、道路地形平坦时，我们就可以开启三挡，高速前进了。

在拖延问题上,这意味着在碰到拖延的触发物(例如焦虑)之后,没有选择刷社交媒体等旧行为,而是自然地选择有意义的新行为。

例如:你又一次因为截止日期临近而焦虑,却没有拿起手机一直刷,而是深呼吸片刻,开始观察和接纳这份焦虑,然后把紧迫任务拿出来,投身其中。又例如你联系作品收件方,了解对方认为最重要的是哪部分,协商在截止日期内先交付一部分,等等。

问:经过这三个挡位的持续练习,拖延的吸引力是不是就越来越低,最终毫无吸引力?我们由此"戒除"了拖延的顽习?

答:对一部分人来说,简单运用这三步,也许就已足够。但在另一些人那里,事情就没这么简单了。拖延仍可以缓解,但过程要更加复杂和缓慢。

这就是"慢性拖延人群"面临的额外困难。

慢性拖延及其高风险人群

问:什么是慢性拖延?

答:有一些人会被更加复杂、棘手的拖延所困扰。他们的拖延更持久、后果更严重,或者波及了多个生活领域。这类问题可以概称为"慢性拖延",英文术语是"chronic procrastination"。

从相关研究来看,成年人受到慢性拖延困扰的比例是 20% 左右。而在高校学生中,这个比例甚至可达 50%。

问:慢性拖延更容易影响到哪些人群?

答:按照我从业十余年,对千余位学员和拖延社区几十万名成员的观察,以下三类人往往面临更高的慢性拖延风险。

（1）执行功能受损者：**典型的是注意缺陷多动障碍（ADHD）患者、双相情感障碍（BD）患者，以及一部分严重抑郁障碍的患者。**这些现象会影响到大脑前瞻性记忆的性能，包括跟计划、意图有关的功能，从而导致或加剧拖延。

（2）身心状态易波动者：**抑郁、焦虑、愤怒等情绪，都可能干扰我们的行动。**有些人由于先天或后天原因，情绪唤起或其他身心反应更强烈、持续时间更久，所以行动中也面临更多困难。

（3）泛自由职业者：我们的行动常常需要情境要素的支持，像是工作或学习环境、同事或同学的陪伴、有效的指引和反馈、可视化的进度，甚至是适中的压力（包括截止期限）等。**对于各类自由职业者、半自由职业者（例如记者）以及"阶段性自由职业者"（例如高校学生、全职太太或全职先生、全职备考者等），自己置身的情境，常常不足以给行动提供结构支持，所以容易拖延。**典型的例子是：全职备考人员在家学习和在自习室里学习，效果和拖延程度往往都差别很大。

身为确诊的 ADHD 患者，又有很多工作以泛自由职业的形式来完成，所以我自己也是慢性拖延高风险人群中的一员。

问：原来如此！所以这本小册子也是来自"0号用户"的一手体验？

答：是的，正是因为我自己也对顽固拖延的挑战感同身受，才有了这本小册子；在接下来的部分，我才能够提供一份更详细的路线规划。

拖延足够复杂，值得我们仔细探讨。然后你会发现，在每个挡位的对应路段，拖延都有一些特别的注意事项。

我们可以一段一段来看。

一挡路段:"核心回路"与"辅助回路"

问:在一挡的路段上,慢性拖延的伙伴们会面临哪些额外的困难呢?

答:第一个额外困难,就是旧习惯回路更多、更复杂。根据我的切身体验和辅导案例,在慢性拖延问题中,除了"核心回路"之外,常常还有大量的"辅助回路"。

核心回路,通常是对行动中不愉悦体验的回避。例如回避工作中的困难感受,也包括回避我们已经熟悉的焦虑感。前面举过例子了。

辅助回路则多种多样,例如过度思考、自我评判、强迫现象(包括一些完美主义)、取悦他人、被动僵住等。

问:核心回路不难理解。那辅助回路分别是怎样的呢?

答:这里分别举例说明一下。

过度思考:

- 触发物:遇到拖延、进度滞后或负面情绪等问题
- 行为:尝试以纯粹的思考来解决问题,甚至反复思考
- 奖赏:感到自己在努力解决问题,有希望想出"正确"的答案等

自我评判(或责怪他人与环境):

- 触发物:遇到拖延、进度滞后等问题
- 行为:评判自己、自责或者自我鞭策,有时表现为责怪他人或抱怨环境
- 奖赏:希望以鞭策的方式让自己行动起来,或者下次能够改正;希望外界有所变化

强迫现象:

- 触发物:开始了某件事情

- ☀ 行为：执着地重复某种做事方式，例如一旦开始就必须做完，无论事情是否重要
- ☀ 奖赏：感到自己在"正确地做事"，完成后获得轻松感等

完美主义：

- ☀ 触发物：遇到焦虑等情绪
- ☀ 行为：定出一个很高的目标，或者一份看起来完美，但不切实际的计划
- ☀ 奖赏：在定出目标或计划的瞬间，暂时缓解了焦虑

取悦他人：

- ☀ 触发物：工作中面临来自外界的打断，或者完成对自己意义不大的事情的请求
- ☀ 行为：没有拒绝，导致工作被打断，或者优先做"别人的事情"
- ☀ 奖赏：取悦他人，维护了某些人际关系，暂时回避了拒绝他人导致的不适感

被动僵住：

- ☀ 触发物：面对困难的状况，或者不适感
- ☀ 行为：预设自己"改变不了什么"，带着消极无望的态度，无所作为，或继续忍受现状
- ☀ 奖赏：与不适感隔离，或者避免了无效尝试后的挫败感

以上是一些例子。这些回路在每个人那里的具体表现，可能会有不同。

问：原来如此。有好几项看着都挺熟的，原来它们也是习惯回路？

答：**我们的各种反应，只要形成了自动重复的模式，都可能对应着习惯回路。**哪怕是很微妙的反应，哪怕是一闪而过的念头、苛刻或友善的态度、

分散或聚焦的注意力……在这套技术里，都可以看作"心理行为"，都可以成为习惯回路中的一环。

把拖延"翻译"成回路，是很有意义的工作。这代表我们开始精准地面对问题，不再被复杂的表象牵着走了。

问：怪不得拖延这么复杂难解。这么一想，我身上的大大小小的拖延回路还真多，光是揪出回路就得花很久吧？这要到什么时候，才能做完一挡，提升到二挡呢？

答：是的，而且辅助回路不只是刚才列出的这些。我们可能还会有一些自己特有的回路。

然而，并不是一定要先把所有的回路都梳理出来，才能进入二挡的练习。每写下一条回路就可以开始二挡练习，觉察行为的奖赏值。不同的回路可以拥有不同的进度。

二挡路段 A：难以保持连续的观察，怎么办

问：那么在二挡的路段上，慢性拖延的伙伴们又会碰到哪些额外困难呢？

答：二挡练习是检验行为的奖赏值。具体来说，就是在继续旧行为的同时，留意"我从中得到了什么"，关注行为带来的结果（特别是感受）。

在操作上，这常常体现为持续始终的正念观察。然而慢性拖延的伙伴，在这一步可能倍感挫败："持续地专心观察，对我来说太难了！"特别是有注意力障碍（例如 ADHD）的拖延伙伴，更是困难重重。

其实许多时候，即使没有持续的注意力，也足以获得有效的二挡觉察。但在慢性拖延者中有不少人有完美主义倾向，下意识地形成了"持续观察"

的期待，并把自己的表现跟期待比较，于是倍感受挫，进而中断练习。

我自己也经历过类似的阶段，练习二挡的动力不怎么足，直到后来开发了一个"散点式二挡观察"的结构化练习，才迎来戏剧性的转变。

问：这个练习怎样做呢？

答：在开始做一件事情之前，无论是常见的拖延行为（像是为了逃避工作而刷社交媒体、玩游戏，或者先做无关紧要的事情），还是重要的行动（例如阅读资料、写作、出设计稿、回复工作消息），都可以先在心里预估一下：

"假如 0 分代表毫无愉悦感，10 分代表极其强烈、无法被超越的愉悦感，那么这件事带来的愉悦感，预计能打几分？我是怎样得出这个分数的？"

而在实际做这些事的过程中，也可以时不时地暂停片刻，默默地询问自己：

"这一刻我实际体会到的愉悦感，能打几分？我是怎样得出这个分数的？"

把这些分数都填进下面的格式里：

活动　预估奖赏值 = ＿＿＿＿＿＿

实际奖赏值 = ＿＿＿＿＿＿（＿＿＿＿＿＿）

预估奖赏值是一个估值，可以直接填入。实际奖赏值则是在做事的过程中，从多个时间点上各观察一次，填入括号里，再算出平均值，填到括号前面。我一般会取 5 个数据点来平均。例如：

打开微博看新闻　预估奖赏值 =4

实际奖赏值 = 3.4（3 3 2 5 4）

也可以用英文缩写(分别是 ERV 和 ARV)^㊀，记录会快很多：

打开微博看新闻　ERV = 4

ARV = 3.4 (3 3 2 5 4)

这样就是一组数据。随着一次次的练习，你可以累积自己的练习组数和实采数据量。

就这样，一组组数据记录下来，它们会持续地刷新大脑中的奖赏值记忆，带来二挡练习的效果。

问：用这种方式来做二挡觉察，有什么好处呢？

答：这里其实是引入了琼·克里斯特勒（Jean Kristeller）博士在正念饮食觉知训练（MB-EAT）里的相关练习，用愉悦感的分数来度量奖赏值。据我自己的体会，好处不止一个：

（1）对于难以保持注意力的人（例如患有ADHD、容易分心的拖延伙伴），或者在难以保持正念觉察的事情上（例如许多脑力工作过程，很容易陷入头脑中的想法，不容易持续跟感受连接），这个练习大大减轻了难度。只要在几个时间散点上分别观察，就可以得出有一定代表性的奖赏值数据。

如果担心自己不记得去观察，还可以定5次闹钟，每隔几分钟一个。假如不够5个数据点，那么3个或4个也可以。

（2）二挡练习的一个重要元素，是对头脑中的奖赏值记忆进行现实检验，看它是否仍然准确。先预估后检验的格式，在结构上提供了"悬念"，是一种大大激发好奇心的做法，本身可以提供十足的奖赏性。

㊀ "预估奖赏值"采用英文"estimated reward value"的缩写"ERV"，"实际奖赏值"采用英文"actual reward value"的缩写"ARV"。

目前我已经累积了 263 组数据，涉及工作、家务、娱乐、休闲等多类活动，也包括一些常被视为拖延的活动（例如过度刷手机）。对我自己来说，这种练习也常常带来特别的感觉以及发现。

问：在这些数据中，有哪些发现呢？

答：这里主要讲讲各类活动的数据高低。先说明一下：数据是来自主观打分，不同练习者的打分没有可比性，重点是同一个人在不同活动上的打分比较。

（1）我最常见的拖延方式之一（刷社交媒体），带来的愉悦感一般是在 3~4 分（略感愉悦），偶尔达到 4~5 分（明显愉悦），但很少超过 5 分（强烈愉悦）。

（2）我对于一些零散但不得不做的工作琐事，有时容易拖延，有时不容易拖延。它们的愉悦感也是 3~4 分，跟刷社交媒体差不多。

（3）容易被我拖延的重要工作，我预估的愉悦感往往在 2~3 分（不太愉悦），甚至更低。然而，实际愉悦感却常常达到 4~5 分，甚至 5 分以上。也就是说，容易被拖延的重要工作，真正开始之后，常常比拖延带来更多的愉悦感。

（4）有一部分重要工作在起步阶段的愉悦感确实很低。但这常常会随着"渐入状态"而结束，一般不超过半小时。如果这种状态持续几小时以上，通常意味着需要采取一些自我照顾的行动了，例如做些感兴趣的事、带来成就感的事，练一会儿正念，或者休息一下。

经过了这些练习之后，我发现刷社交网络的吸引力确实在下降，至少是在浏览之前那些订阅内容时，吸引力下降了。而有一部分工作的吸引力也确实增强了。

问：这是不是代表，最重要的改变已经发生了，最关键的改变出现了？

答：**在戒烟、调节饮食、松绑焦虑的过程中，这种二挡的祛魅过程，可能是最重要的一步。包括在许多简单的拖延习惯上，我认为也是一样的。**

但如果是应对慢性拖延困扰，一方面这种祛魅未必能很快发生，也未必那么"干净利索"，另一方面，二挡里的祛魅可能只是一个开端，真正精彩的重头戏，往往还在后面。

问：还在后面？是说在三挡吗？

答：可能既包括三挡，也包括"另一种二挡练习"。

二挡路段 B：检验"只有……才……"，打破依赖性

问：另一种二挡练习？那是什么？

答：就是检验许多拖延行为背后的想法，特别是那些以"只有……才……"面目出现的想法，看看它们是否永远成立，有没有一些反例。下面举几个例子：

- "只有等到有状态（或者灵感）以后，我才写得下去这篇文章……"
- "只有真心想做的时候，我才能开始做……"
- "我一定要先想清楚每一步怎样做，才能开始动手。不然中途会卡住……"（但是不动手又很难想清楚靠后的步骤怎样做）
- "我一定要先在头脑里想清楚，现在起床是不是个正确的选择，才能进行下一步……"（然后，正确的选择似乎永远都是"再睡一会儿"）
- "只有能做到完美，这件事才值得去做……"

不知道你的头脑中，有没有出现过这类想法？它们有一个共同点，就是在头脑里预设了一些依赖条件。这相当于在头脑里绘制了一张地图，并把许

多大道给堵上了,只能通过蜿蜒的小路前进。

然而,地图不等于疆域。这些依赖条件,未必真的存在于现实世界。这有待我们去检验。一种检验的办法,就是带着好奇心,先去做一点儿,看看究竟会发生什么。例如,有时候发现并不需要等灵感出现,而是在写作过程中就能产生灵感,那么原先的依赖条件就会松动。

其实一般的二挡练习,也同样包含对想法的检验。具体来说,就是检验头脑中"这件事的奖赏值预计是多少"一类的想法。所以我把这种对依赖条件的检验,也看成一种二挡练习。两者都需要我们如其所是地观察现实。

问:好像我的头脑中,也有各种依赖性的想法。应该也不需要把每个都检验一遍,才能进入下一步吧?

答:当然不需要。跟"辅助回路"一样,依赖性的想法也复杂多样。**我们不需要先去检验每一个想法,也不需要对每一条拖延回路祛魅,然后才继续做眼前的事情,否则就陷入了另一种"只有……才……",那样反而陷入了另一种拖延,我称之为"隐性拖延"。**布鲁尔博士也曾说过:"有无数种潜在的替代行为,仍然是另一种形式的拖延。这就是拖延之瘾格外难破的原因。"

只要经常留意和检验这些关于依赖条件的想法,就可以逐渐打破头脑中的限制,让我们的行动越来越灵活。

二挡路段 C:不是改变习惯,而是更新习惯

问:或许还是会有许多伙伴,很希望能对每一条拖延回路都祛魅,最好是彻底祛魅吧?毕竟这听起来很诱人。

答:确实如此。在刚起步时,我们对拖延习惯的复杂和顽固还缺乏认识,也很容易预设"我一定要祛魅每一条拖延回路,然后才能开始全新的生

活"——你看,又是一条"只有……才……"。

而且,也未必每一条"拖延回路"都能被祛魅。有一些拖延行为,可能只靠二挡练习,还不足以降低吸引力。甚至还有一些,是被误贴了拖延标签,其实是既有意义又愉悦身心的自我照顾。

所以在我看来,比祛魅更重要的,是如实地看到当下情境里的奖赏值。**对于拖延这类边界不清晰、表现复杂多样,又富有迷惑性的行为习惯来说,就更需要回归二挡练习的本质:不是改变习惯,而是更新习惯,让不同的习惯能够新陈代谢,更适应当下的需要。**

头脑中的想法也许会告诉我们,一定要"改变自己""改掉坏习惯"。但这些想法有时候过于武断。我们并不需要毫无依据地"改变"旧习惯,只需要以实际体验为准绳,在一次次的练习中,逐渐"更新"它们。

问:说到拖延的边界不清晰,是不是意味着有时候不属于拖延的事情,也被当成了拖延?

答:是的。像是在拖延和必要的休息之间,边界常常就没那么清晰。

思考一种纯理论的情况:我们确实累了,刚好需要休息30分钟来恢复精力。然而我们休息了31分钟。那么这属于拖延吗?是31分钟都属于拖延,还是只有超出的1分钟属于拖延?

现实世界不会这么理论化,判断起来就更难了。我们每次有多累,究竟需要多久的休息,也不尽相同,也没有一个清晰的读数能告诉我们。出于对目标的渴望,或者出于外界的期待和压力,我们的头脑也很容易忽视自己所需的照顾,默认持续工作才是正确的。于是,必要的休整时间,就被自动地贴上拖延的标签。

这种现象是"隐性拖延"的相反情形,我称之为"假性拖延"。前者是有拖延但没有意识到，而后者是没有拖延却当成了拖延。这都是拖延行为"边界不清晰"的体现，意味着二挡练习中，我们需要更大的灵活性和耐心。

问：既有隐性拖延，又有假性拖延。这是不是意味着，我们并不像自己以为的，能轻易看清哪些才是拖延？

答：是的。这也意味着我们可以采取一种更加中立的态度。拖延方面的二挡练习，不是帮助勤奋小人打败懒惰小人，而是让两个匿名小人进场比赛，看看哪一个能带来更好的结果、更大的奖赏性。

这就是正念带来的灵活性。而在三挡练习中，这种灵活性有更多的体现。

三挡路段 A：拖延的反面，不是机械坚持

问：在三挡练习中，是怎样体现这种灵活性的呢？

答：先说说在这套技术中一般的三挡练习，再说说松绑拖延中的三挡练习。

三挡练习意味着用新行为来替代旧行为。按照布鲁尔博士的说法，新行为是一种"上上之选"（bigger better offer，BBO），是好处更多、更有吸引力的选择。

从改善焦虑、调节饮食和戒烟的范例来看，布鲁尔博士提供的三挡练习，基本是一些正念练习。这可以避免在改掉旧行为的同时，又对新的不健康行为形成习惯和"瘾"。所以实际的三挡，是以正念的方式，来应对旧习惯的触发物，形成更健康且可持续的替代。有正念练习经验的人不难看出，好奇、友善、开放、不加评判的态度，灵活、善巧的品质，都是包含在这里面的。

问：这些灵活性是不是也体现在松绑拖延的三挡练习中呢？

答：是的。如果再跟练习初期的头脑预设来比较，这种灵活性就会更加凸显。

在练习松绑拖延的初期，我们常常会以为，旧行为就是拖着不做，而新行为就是坚持行动，甚至预设这是一种咬紧牙关、僵硬而机械的坚持。

这种机械的坚持，并非毫无用处，但它本身的奖赏性往往不高。我们不难观察到，机械坚持可能令我们身心疲惫、情绪困顿。而在熟悉了拖延的"辅助回路"后，有些伙伴还会发现，机械坚持常常是强迫与完美主义等回路的表现，甚至跟自我评判、过度思考也有着千丝万缕的联系。

所以，忽略感受和具体情境的机械坚持，不一定适合充当拖延的替代行为。它不是拖延的反面。有时，它甚至是拖延的同伴和帮凶。当我们下意识觉得行动就等于痛苦的"机械坚持"时，拖延就在无意当中，成了正当性十足的自我保护措施，不是吗？

松绑拖延的过程中，我们祛魅的不只是拖延，还有机械坚持、自我评判、过度思考等种种旧习惯。在不了解这一点之前，机械坚持就容易成为一种"伪三挡"。职场人可能会预设"不止不休地工作才是最佳选择"，学生可能会预设"每天学习8小时以下都是不道德的"，然后发现不止不休地工作或每天学习8小时并不容易做到，然后认定"改变旧习惯的尝试，又一次失败了"。

而真正的三挡，真正的替代选择，其实是带着正念的态度，灵活而善巧地行动。这就需要耐心，通过多次尝试，慢慢发展出一套适合自己的行动策略。

这套策略才是更有奖赏性的行动方式，既能让我们投入有意义的事情，也能平衡身心健康、人际关系等多个方面，带来可持续的好处。

三挡路段 B："有很大的空间来容纳智慧"

问：具体从哪些方面入手呢？

答：早在正念行为改变技术形成之前，就有许多应对拖延的实践技巧。而这套技术的优势在于，帮我们更好地理解了这些技巧的起效原理，辨认出真正带来改变的因素是什么。

我在最近几年里，根据长期助人工作和自身实践中获得的经验，总结了一套"正念行动力®"系统。其中提炼出四个"支点"，分别是"**连接意图**""**适配情境**""**照顾自己**"和"**改变关系**"。如果你已进入三挡练习，希望找到替代拖延、有效行动的方式，这些支点可以作为提示。

问：什么是"连接意图"？

答：此时此刻，有没有一些你正在拖延的事情？如果有些事你正在拖延，却没有放弃，那么是什么让你没有放弃呢？如果你能想到一些原因，那么在原因背后，是否藏着一些对你来说重要的东西？

类似这样的反思，有助于揭示那些重要的东西，以便我们调整行动方向，与其一致。

这里的"重要"，并非止步于"我应该先做什么"的想法。它们扎根于内心深处，以价值观、内在动机、天赋优势等形式呈现出来，又可以称为"深层意图"。除了刚才的反思问题之外，还有许多练习，可以帮我们连接深层意图。

当行动与深层意图一致时，通常能够体会到一种充实感和意义感。

前面介绍了观察奖赏值的练习。我自己的数据规律是，重要工作的奖赏性较高（经常达到 4~5 分，甚至更高）。其中有很大一部分，就来自"行为与意图一致"带来的滋养。即使工作过程不全是愉悦的，这种充实感和意义感仍然是不可忽视的滋养。相信在完成足量的练习后,你也能反复体验到这样的规律。

事实上,行为贴合意图,才是克服拖延、有效行动的核心。

问:什么是"适配情境"?

答:前面提到的许多备考人员"在家学习和在自习室里学习,效果差别很大",就体现了情境的影响。而除了物理环境之外,情境还有多种形式。手机在不在旁边,有没有锁屏或静音,或者是否使用了日程表、备忘录、番茄工作法等工具方法,或者公司的工作流程和人际关系环境,都可能带来情境影响。

你体验到了哪些情境因素的影响?在哪些情境下,你的行为更容易跟意图一致?

观察,获得经验,然后主动选择或改造我们置身的情境,可以让行动更有效。这种调节常常立竿见影,是一个很容易上手的支点。

问:什么是"照顾自己"?

答:你有没有经历过倦怠或低落的时期,明明知道什么事情对自己很重要,但就是没有力气去开始?就算开始了也难以坚持?

既然重要的行动具有奖赏性,能够滋养我们,为什么我们没有"一发而不可收",持续行动下去?因为实际行动中的体验复杂多样,除了滋养的一面之外,我们也会遇到那些消耗我们精力、情绪和注意力的因素:压力、被动的安排、匆忙的节奏、超负荷的工作量……

观察不同的事情是在滋养还是消耗我们,然后有意识地平衡滋养和消耗,就是至关重要的自我照顾。从行为激活(BA)技术到正念认知疗法

（MBCT），有一系列技巧可以运用在这里。

此外，你也可以使用一些提示问句。例如，先问自己："此刻最重要的行动是什么？"然后再问："这种行动是在滋养我，还是消耗我？""怎样可以增加滋养，减少消耗？"

问：最后一个支点是"改变关系"，它指的又是什么？

答："改变关系"这个支点，相对更加微妙。一些伙伴也许还没有正念练习经验，会觉得难懂。但随着练习量的累积，迟早会理解其中的意蕴。下面举几个例子，相信现在或未来的你，总能心领神会。

- 改变与头脑中的想法（以及冲动）的关系：不是被想法支配，把它当作主人，把想法全都当作事实；也不是试图控制或"清空"想法。而是把想法当成心理现象，允许它们自然来去；也把想法当作参谋，有用的就采纳，没用的就放下。
- 改变与情绪（以及身体感觉）的关系：不是拼命推开不适感，或者留住愉悦感；而是如实地觉察，友善地允许它们存在。也不是只能默默忍受任何不适感，相反，也允许自己带着觉察去调整，并观察这种自我关顾的效果如何。
- 改变与时间的关系：带着正念觉察，使用番茄工作法（一种成熟的时间管理方法），可以"换一种角度打开时间"，让时间成为我们的盟友，而不是催命鬼或天敌。受篇幅所限，这里只能简单提一下。有兴趣的伙伴可以参考原始版番茄工作法，也许你会惊叹："原来是我'打开时间的方式不对'！"
- 改变与期待（包括目标、标准、要求等）的关系：不是被期待所支配，不惜一切代价去达到；也不是因为期待难以达到就完全放弃，甚至转而评判自己、指责他人。而是看到期待背后更灵活的意图（也就是意义或原因等），留意原有的期待究竟是在帮助自己追随意图，还是在起反作用。如果需要，可以放下期待，或者重设期待，就像调节琴弦，使其松紧适中。可以带着好奇心来询问自己："假如暂时放下这种期待，又会怎样呢？""如果可以重新设定，什么样的目标最能推动我此刻的行动？"

从上面这些改变关系的例子里，或许能看到一些共同点，那就是打破对各种因素的依赖，减少执着或抗拒，并尝试与它们建立松紧适中、务实有效的合作关系。在我看来，这既是正念在情绪调节中的起效机制，也是番茄工作法在行动调节中的起效机制。

问：确实有很多没听懂的部分，但似乎又能感受到背后的智慧？至少有一点可以肯定，这些做法听起来确实很灵活。

答：是的，从我的正念老师周玥那里，我听来这样一句话：**"这里有很大的空间可以容纳智慧。"只要你的三挡练习是带着正念去行动，而不是机械地坚持下去的，就为智慧留出了空间。**

问：听起来有道理，但要把这些方方面面都做到，会不会很难？

答：这恰恰是一个践行"改变关系"的机会，不是吗？**三挡练习不是一种要求、规则或标准，而是一份邀请、一种允许、一段渐进式满足好奇的经历。**在这个阶段，我们允许自己"试吃"许多不同的菜品，依据口味做出选择。这是在尊重内心感受的基础上，发展出生活智慧的过程。

所以，不妨觉察到心里的期待，看见期待带来的焦虑和畏难情绪，然后允许自己改变与期待的关系。无论是暂时放下这份期待，还是带着好奇心，去看看这份期待正在把自己带到哪里，都是可以的。友善地对待自己，允许一切发生。

三挡路段 C：换一个视角，重新定义拖延

问：原来在拖延的背后，还有这么多学问。一路聊到这里，感觉很多看法都被颠覆了。许多以前认为的拖延，原来并不属于拖延；许多以前忽视的现象，居然才是真正的拖延？

答：是的。经过持续练习，对拖延的判定确实会发生变化，因为看得更清楚了。能够识别"假性拖延"和"隐性拖延"，代表了这种能力的发展。

如果你继续练习下去，也许对于"拖延是什么""正念是什么"这些更根本的命题，都可能产生新的理解。

问：对于"拖延是什么"，会有哪些新的理解？

答：这里仍然从"假性拖延"说起。

我们通常是在看到一件事的进度落后于预期时，判断自己出现拖延的。这就构成了一种"落差视角"，我们由此很容易把进度的落后统统看成拖延。

然而我们的预期不一定切合实际，它常常只是一些"我现在应该已经完成了哪些/推进到了哪一步"的头脑想法。特别是初做计划的时候，我们常常对障碍缺乏了解，这些预期就过于乐观。当实际进展不及预期时，头脑常常会开始自动化反应，给现状贴上问题的标签，并归因于"拖延"。

这个过程也许对应了一些"奖赏"，因为如果归因于"拖延"，也许就不用再考虑"计划不合理""能力不够"等解释。有时我们更不喜欢后面的解释，特别是"能力不够"——它危及我们的自我价值感。这里的回路的例子如下所示。

- ✳ 触发物：看见进度落后于预期
- ✳ 行为：头脑将现状标记为问题，并归因于拖延等"战术"原因（而非计划不合理等"战略"原因）
- ✳ 奖赏：免于面对"能力不够"的可能，免于战略层面的修改

许多"假性拖延"就是这样出现的。它们仍可以归入广义的拖延问题,但不能只靠"更积极、更及时地行动"去解决。

问:那真正的解决之道,又是什么呢?

答:真正的解决之道,首先是后撤一步,看到这些想法是如何产生、如何形成回路的。这是一挡的练习。

而二挡的练习,可以是觉察这种"用落差来定义拖延"的过程,实际上带来了什么结果,包括感受。也许是带来了更多不必要的自责感;也许是掩盖了真正的原因,让我们一直跟错误的敌人战斗;也许是在回避"能力不够"的沮丧感时,却因为无处不在的"拖延"而更加觉得自己能力不够,更加沮丧……

至于三挡,也有不同的方式。一种方式是如实地承认目前的进度,也看到头脑喜欢寻找原因的倾向,但不一定要选择使用"拖延"的标签。这样一来,我们就改变了跟头脑中的想法的关系。

另一种方式是从情境或自我照顾入手,让行动更加贴合意图。这就引向了一种对拖延的新定义:行为与意图偏离才是拖延,而进度落后于预期不一定是拖延。

可以说,我们对拖延的定义方式,也从"预期 – 落差视角",换成了"意图 – 偏离视角"。这也是个改变习惯的过程,发生在更深刻的层面。它可以帮我们放下更多的"假性拖延",觉察更多的"隐性拖延",因为新的定义更加切中本质。

三挡路段 D:正念是一个动词

问:真的是这样,连拖延的定义都改变了!那么对于"正念是什么",

又有哪些新的理解呢?

答:按照心理学家肖娜·夏皮罗(Shauna Shapiro)的IAA模型,正念有三个维度:注意力、态度和意图。那么,我们使用注意力、态度和意图的方式,或许也可以看作"心理行为",也可以用本书的技术去改变或更新,具体如下。

- 一挡:我的注意力/态度/意图是怎样使用的?这些"行为"的触发物和奖赏是什么?
- 二挡:当我这样使用注意力/态度/意图时,体验到什么感受?获得了什么结果?
- 三挡:怎样使用注意力/态度/意图,对我来说更加善巧、更有意义,或者让我感到更愉悦?

于是我产生了一种新看法(但我或许不是第一个这样认为的人):

正念就是以一种更有品质的注意力、态度和意图,去跟内在体验和外部世界连接。

这里的"品质",可以是特定态度的调用,例如好奇、友善;可以是注意力的视角和指向,例如"在想法之外看想法"的视角;也可以是意图的深度或具体程度,例如价值观、内在动机或执行意图[一]。

[一] 执行意图即"implementation intention",又译为"实施类意图"。它与"目标类意图"(goal intention)相对,是一种与实施情境连接,从而大大提升行动力的计划策略,由纽约大学动机心理学家彼得·戈尔维策(Peter Gollwitzer)提出。执行意图通常用"如果……就……"句式来做计划,例如:"如果我晚间碰到坏天气,无法外出跑步,就换成在家跳健身操。"研究显示,在众多具体的任务上,执行意图常常带来惊人的效果,表现为达成率的翻倍。

从这个意义上说，正念成了一个动词，是从一挡到三挡，在试错、检验和更新中动态获取智慧的过程。

问：从这样的角度看，正念的范围是不是更开阔了？在许多不常被归入正念流派的心理疗法和技术里，也包含了对注意力、态度和意图的调节。

答：我不敢断言，是否一切从注意力、态度和意图等方面入手的调节，都可以看作正念调节。但在学习和实践焦点解决短期疗法（SFBT）、动机访谈技术（MI）和番茄工作法的过程中，我的确从正念的角度，去理解和总结了它们的起效机制。可以说，满是相通之处，满是激动人心的洞察。

我们不能说"这一切都是因为正念"。正念并不能垄断智慧。也许只是正念跟各种疗法或干预技术在这条路上相遇了。

问：我似乎更能理解为什么这套技术叫作"正念行为改变"了。真的是激进的行为主义，就连对拖延的定义、对正念的看法，都能成为"可改变的行为"。一切皆行为。

答：是的。定义是我们头脑建构出来的产物。建构是一种行为。

在与拖延共处的漫长岁月里，我们可以洞察"拖延"概念的建构性（一挡），去检验这种建构是否有帮助（二挡），去有意识地使用更有帮助的概念建构（三挡）……这里没有对错之分，更重要的是哪个对你更有帮助。

所以有相当一部分拖延，是无所谓有，也无所谓无的。这让我们联想到古典正念里的"空"：乍看具体实在，但仔细推敲，却又如同蜃景幻象。

也许只有一部分拖延是这样的，但这足以让我们重新考虑一个提问，一个在出发时就常常会有的提问：拖延真的能被"戒掉"吗？

三挡路段 E：拖延能被"戒掉"吗

问：对啊，既然拖延是这样一种虚实相生的现象，它真的能被"戒掉"吗？

答：这算是拖延干预的"终极问题"。它其实有几种变化形式，例如："拖延真的能彻底'治好'吗？""真的能够战胜拖延吗？""跟拖延的战斗，终点到底在哪里？"

我就回答"终点"的版本吧。假如真有这样一个终点，我想，它并不意味着"消灭拖延"，或者"完全不再拖延"。

当我们执着于"不再拖延"时，恰恰可能出于一种"只有不再拖延，我才能拥有好的生活"的想法。发现了吗？"只有……才……"，这本身就是一种隐蔽的拖延思维模式，它预设了一种虚假的条件，可能反而让我们拖着不去展开好的生活，不去展开那些真实的生活、值得的生活。

还记得《给焦虑松绑》里引用的那句话吗？"由某个意识制造出来的问题，无法由这一意识自己解决。"当我们轻易跳进这种"只有……才……"的预设，而预设本身就经常会引发拖延时，终极问题就无解了。

但这不意味着在预设之外无解。

假如真的存在这样一个终点，它又意味着什么呢？也许意味着我们与拖延的关系发生了改变。

我在参加牛津大学正念中心的 MBCT 教师培训时，看到一句描述 MBCT 课程目标的话："我抑郁了，但抑郁无法支配我。"原文是"I have depression. Depression does not have me."。

也许类似的目标对拖延也是成立的："拖延仍然时来时去，但拖延已经无法支配我。"用英文来说，就是"I have procrastination. Procrastination does not have me."。

在松绑拖延的过程中,我们打破了种种不必要的依赖,包括对"零拖延永动机"这类设想的依赖。我们得以拥抱更大的自由,而这正是"松绑"的含义。

问:听起来真的令人向往。虽然不像"零拖延"那样诱惑,但更加可信。对于这种关系的转变,还有关系转变后的境界,可以多描述一些吗?

答:如果我们只是在头脑中去设想这种转变,那么也许跟对"零拖延"的设想一样,用处不大。

我认为:我们与拖延关系的转变,可以体现在一个个具体的当下,也只能体现在一个个具体的当下。

就在此时此刻,不妨暂停几秒钟,问问自己:"现在对我来说,重要的是什么?""我正在做的事情,带来了什么意义?""我可以怎样更有意义地行动?"

正如西方古卷里所说:"理想世界不因外求而到来。理想世界无处不在,我们只是看不见它。"

如果要把这称为一种"境界",我想,以下可能是这种境界的特点[一]:

- ❋ 不是一直保持在某种高效状态,因为身心状态波动是再自然不过的事情,而且外界环境也一直处于生灭变化之中。
- ❋ 不代表之后再也不会碰到拖延。因为"行为偏离意图"的过程,就像观察呼吸时总会走神一样,再正常不过。

[一] 这些特点也让我们联想到古典正念中的几个要素,即"无常""苦""无我"和"空"。

- 不代表自己能力更强,或者更有价值,而只是更加顺应客观规律,懂得为原本就有机会发生的事情创造条件。
- 有些以前认为是拖延的事情,现在可能不再被认为是拖延;也有些以前不认为是拖延的事情,现在可能又会被认为是拖延。

在我自己身上,我并没有"戒掉"拖延,但应对慢性拖延的能力,包括与 ADHD 共处的能力,都有了极大的提升。

当我把这套松绑拖延的思路,运用到番茄工作法的学习实践当中,也推动了"正念番茄"之旅。每当拿出 25 分钟专心做事,并有节奏地穿插休息,就可以记录一个番茄。而写到这里时,我已经累积了 7 800 多个番茄。

在几年的历程中,我一次次看见了旧习惯、新习惯和改变的过程,看见了意图、情境、自我照顾和关系转变等诸项支点怎样撬动更大的转变,让一个天性难以专注、容易拖延的人,像海绵一样吸收着知识,积累着经验,慢慢发展出更加深入的理解,甚至完成了其当初想都不敢想的开创性工作,也目睹了几千位学员从这些工作中受益。

回顾这些,我发现自己是多么欣喜,也多么希望能与你分享这种欣喜。

结束语

如果松绑拖延的练习,能够带来颠覆的力量,那是因为在这背后藏着正念的智慧,也是因为布鲁尔博士的这套技术,以简明而精当的方式将浩瀚博大的正念智慧串联了起来。

这本小册子的篇幅不短,我希望它能被看成一封写给布鲁尔博士的长感谢信,而非喧宾夺主之举。对我而言,布鲁尔博士的书和这套技术,镌刻到了我这几年的生命里,并且大概率还会在今后持续地发挥作用。几年下来,不觉竟已积累了千言万语。

与拖延干预有关的技术和知识复杂多样,但这本书和这套技术,在我这几年的研发过程中,是无可替代的枢纽。

我获得的最大启发之一,是看见"行为"的范围被大大扩展。思考等内心过程不过是"心理行为"而已。除了感受,皆是行为。

相信已经读完《给焦虑松绑》的小伙伴对于这套"行为正念"技术是如何帮助我们在应对各种问题时加快效率,带来事半功倍的效果,已经有目共睹了。

至于这本《给拖延松绑》手册,我不敢奢望它能在你应对拖延的旅程中,提供面面俱到的参考——事实上真的不可能,因为拖延太复杂了。但我希望这一万来字的篇幅,能勾勒出一张简明的"地图",标示出重要的坐标。

如果你愿意继续深入探索,无论是松绑拖延,还是松绑焦虑,我也期待与你多多交流。你可以关注我的公众号"高地清风",以便未来参加战拖®系列的线上团体活动。

在"战拖骑士团"工作坊或"正念行动力®"系列团体中,我们有机会一起深究行为改变的玄机,培育正念的觉察和智慧。

此外,如果你因为拖延的困扰,难以读完整本《给焦虑松绑》或者这本《给拖延松绑》,也将有机会参加我们的线上共读团体。在互相陪伴中,读完更多章节;在直播答疑中,把你的疑惑和困难告诉我。

于海成(高地清风)

2024 年春夏,写于战拖®工作室 8 号舱

作者介绍：于海成（网名『高地清风』）

《给焦虑松绑》译者之一，英国牛津 MBCT 正念教师，深耕 16 年的拖延干预专家，针对急性拖延发明『沉浸工作法』，针对慢性拖延开发『正念行动力®』。

从 2008 年起，管理数十万成员的拖延主题社区（豆瓣"我们都是拖延症"小组），推动相关的科普传播和网络互助，被誉为"中国战拖第一人"。

融合多年经验而开发的正念行动力®系统，以"即时启动""正念番茄""洋葱模型""化反隐喻"等创新技术和视角，从情境、身心、关系和意图等维度，有针对性地回应拖延困扰，取得重要突破。此系统以"战拖®"系列团体干预项目为呈现形式，已帮助数千名用户改善拖延状况，降低拖延的困扰度、严重度和频率。

目前致力于深度干预技术的开发和应用，帮助慢性拖延人群优化时间分配，扭转拖延倾向，降低拖延复发率。更多相关技术和知识，可参考本手册《给拖延松绑》，以及作者个人公众号和小红书"高地清风"（扫描下列二维码即可关注）。

微信公众号：高地清风

小红书号：gaodiqingfeng